绿色生态农业新技术丛书

浙江省农业科学院
老科技工作者协会组编

梨优质高效栽培技术

LI YOUZHI GAOXIAO ZAIPEI JISHU

施泽彬　胡征龄　编著

中国农业出版社
北京

前　言

　　1979年以来，梨树生产发展十分迅速。据2017年统计，我国是世界第一产梨大国，梨树种植面积达111.6万公顷，产量达1950万吨，面积和产量仅次于苹果、柑橘居全国第三位。梨是我国主要落叶果树，分布广泛，除海南省及港澳地区外，南北各地均有种植，梨树专业种植的乡、镇、村如雨后春笋般出现，梨生产已成为农业增效、农民增收、农村经济可持续发展的重要途径。特别是自1999年以来，我国梨育种方面也取得了重大进展，不断问世的新品种与知名地方品种相结合改变了生产格局。我国自育品种占领了市场，早、中、晚熟品种配套生产结合储藏保鲜，实现了周年供应。

　　发达国家和地区推广生物农业，提出不用化肥、农药、生长调节剂，依靠轮作、生草、绿肥、有机农家肥、有机菌肥来改良土壤，通过选育新品种、生物农药来防控病虫害。我国加入WTO（世界贸易组织）以来，对于果品质量有了更高的要求，但目前梨业生产存在的主要问题在于依靠化肥不重视有机肥的使用，除草剂运用过多导致果实品质下降，病虫害防控技术不到位、未建立系统预测预报，梨的安全生产有待改进，这就要求梨生产者必须把大力发展绿色食品、提高梨的食用安全性和市场竞争力视为重中之重。

　　受浙江省农业科学院老科技工作者协会的委托，结合数十年从事科研、生产的实践经验并针对目前专业户种梨过程中存在的问题收集了有关资料编写成书。本书着重介绍了国内梨发展现状、育成的新品种以及开园定植、土壤管理、整枝修剪、病虫害防控等一系列新颖管理技术，增加了梨设施栽培技术介绍，提出了新方法、新措施，文字深入浅出、通俗易懂，注重科学性、先进性、实用性相结合，旨在为促进梨产业安全生产、品质提高尽微薄之力，可供广大生产者、科研工作者及相关人员参考。

　　本书尚有不足和错误之处，敬请读者批评指正。

编　者

目 录

第一章

概　述

一、梨树栽培的特点及其经济效益

（一）梨树栽培的特点

梨树是世界性的果树，全球共有 76 个国家和地区从事梨树的商业生产（FAOSTST，2017），主要分布在亚洲、欧洲、美洲、非洲。梨的种类繁多，可概括为东方梨（亚洲梨）和西洋梨（又称西方梨）两大类，东方梨主要产于中国、日本、韩国等亚洲国家。梨是落叶果树，在我国分布广泛，除海南省和港澳地区外均有梨树栽培，栽培品种涵盖了白梨、砂梨、秋子梨、新疆梨和西洋梨 5 个种，经过长期的自然选择和生产发展，我国形成了四大梨产区，即环渤海（辽、冀、京、津、鲁）秋子梨、白梨产区，西部地区（新、甘、陕、滇）白梨产区，黄河故道（豫、皖、苏）白梨、砂梨产区，长江流域（川、渝、鄂、浙）砂梨产区。

梨因其果脆嫩多汁、酸甜适口等特点，有的品种还具有特殊香气，而有"百果之宗"美誉，备受消费者青睐。其主要栽培特点有以下几个方面。

1. **适应性强**　南北各地都有适宜的栽培品种，且对土壤要求不严格，不论山地、丘陵、平原、盆地、海涂均可种植，适应范围广，是全球分布较广的果树之一。

2. 品种类型丰富 梨树的主要栽培种有 5 个，有脆肉型和软肉型两类，果皮又可分为绿皮、褐皮、中间色 3 种，同时还有红皮梨类型，果形有圆、扁圆、卵圆、椭圆等多种类型，是品种类型最丰富的果树树种。

3. 果实成熟期跨度大 特早熟品种在 6 月上旬成熟，晚熟品种 11 月底成熟。结合储藏保鲜，已实现了梨的周年供应。

4. 进入结果期早、栽培容易、丰产性好 白梨、砂梨品种种植后 3 年进入结果期，正常栽培管理条件下，没有大小年现象，容易实现丰产稳产。盛产期南方梨园每亩*产量可达 1 500 千克以上，北方可达 2 500 千克以上。

5. 经济寿命长 梨是寿命较长的果树之一，栽培得法经济寿命一般在 40～50 年，长者可达百年以上，如甘肃省皋兰县就有保存完好的树龄长达 300 年以上的梨园。

6. 自交不亲和 生产上主栽品种需配置授粉品种或进行人工授粉才能达到优质丰产。

梨具有上述优点，对发展农村多种经营、促进农民增收、农业增效具有重要意义。但由于果实大、果柄长，果实近成熟期易受风害造成落果，有些地区花期或幼果期易遭受晚霜的危害，所以栽培上应加强综合性管理，注意防风、防冻。

（二）经济效益

梨原产于我国，据记载已有 2 000 年以上的栽培历史，是我国的主要水果之一。近年来，我国梨的面积、产量一直居世界首位。梨适应性广，栽培分布遍及我国大江南北，在我国水果生产中占有重要地位。

梨还具有丰富的营养价值，果实中含有各种维生素、糖

---

* 亩为非法定计量单位，1 亩≈667 米²。——编者注

类、蛋白质等人类不可缺少的物质。梨在夏秋季成熟，既可鲜食以解渴消暑，又有润肺止咳的功效，不但是我国和周边国家人民历来喜爱的夏令果品，而且也受到西方国家消费者的青睐。此外，梨还可经过加工被制作成罐头、梨酒、梨脯、梨干、梨膏、梨汁等加工品，可以满足消费者对食品多样性的需求。

梨是我国的传统树种，悠久的栽培历史与丰富的种质资源和生态类型造就了我国多个知名的地方品种，如砀山酥梨、鸭梨、南果梨、京白梨、库尔勒香梨、雪花梨、苍溪雪梨等，并在生产上发挥着重要作用。自 1950 年起，我国有计划地系统性开展了梨品种选育研究工作，相继育成了早酥、黄花、黄冠、中梨 1 号、翠冠、玉露香等具有代表性的优良品种 100 余个。推动了梨产业的大发展。由于早熟、特早熟品种育成与推广，鲜梨采收期延长了近两个月，结合储藏保鲜，实现了周年供应。

在农村产业结构的调整中，新品种的推广应用实现了一个品种带动一个产业发展、致富一方百姓的作用。如山西省隰县，种植梨新品种玉露香后，3 年投产，盛产后产量维持在 2 500 千克/亩以上，果品出园价维持在 10 元/千克以上，近 10 年时间，推广种植面积 20 余万亩，带动了一大批农民脱贫致富。近年来，南方早熟梨因品质优良、成熟期早、市场售价高，在我国南方地区早熟蜜梨生产中发展迅猛，取得了良好的社会效益和经济效益。如浙江省嘉善县惠民蜜梨专业合作社，发展面积 5 000 余亩，采用统一技术，使用统一商标，进行统一销售，平均亩产值超万元，仅梨一项人均收入达到 5 000 元以上，成为当地效益农业的支柱。江苏省张家港万家乐农庄建立 250 亩设施棚架，其中连栋大棚 40 亩，主抓精品果生产，不断改进栽培技术，翠冠梨表现上市早、外观好、品质佳，每箱（12 只）售价稳定在 100 元，成为江苏省梨设施栽培的典范。

二、梨生产现状

（一）我国梨生产现状

我国是世界第一产梨大国，在我国梨的种植面积与产量仅次于苹果、柑橘，居第三位。我国梨种植面积为1 674万亩，产量为1 950万吨（FAOSTAT，2017），约占世界总面积和总产量的2/3，出口量41万吨（FAOSTAT，2017），约占世界总出口量的1/6。我国鲜梨出口自2009年超过阿根廷，成为世界第一鲜梨出口大国。近年来进口量增长较快，以西洋梨为主。

梨在我国虽然分布广泛，但主产区还是相对集中。截止到2016年，栽培面积超过100万亩的省份有7个，分别是河北、辽宁、山东、河南、安徽、新疆、陕西，其产量也均超过100吨。以河北省生产规模最大，栽培面积297万亩，占全国总面积的17.79%；产量499.23万吨，全国总产量的26.69%。

我国梨品种结构发生了显著变化，主要是早中熟品种增加，晚熟品种减少。目前我国早、中、晚熟梨的比例大致是18：30：52。栽培面积最大的品种依然是砀山酥梨，面积超过300万亩，占总面积的23%；其他栽培面积较大的品种还有鸭梨、黄冠、翠冠、南果梨、库尔勒香梨、丰水、早酥、玉露香等。

我国梨树整形修剪模式不断改革创新，由原来以疏散分层形为主的模式向多种树形并存的方向发展。近年来，开心形、圆柱形、Y形、"3加1"形、倒伞形、平棚架形等在各地均有应用，朝着省力化方向发展。同时人工授粉技术应用得到认可，并进入普及推广阶段，稳产、优质、高效成为主要目标。

（二）浙江梨生产现状

浙江是我国南方早熟梨的主产区之一，截止到2017年底，全省梨园面积已达33.26万亩，产量38.86万吨，产值14.7亿元。栽培面积1万亩以上有杭州市、慈溪市、余姚市、诸暨市、天台县、松阳县、嘉兴市、武义县、海宁市、云和县。全省栽培面积较大的有杭州、宁波、丽水、台州、金华、衢州等市。浙江省梨的发展从1917年开始，留日学生相继从日本引入砂梨品种试种。20世纪60年代初，各地推广种植以菊水、二十世纪为代表的日本品种，1972年以来以杭州蜜梨出口港澳市场，颇受欢迎。20世纪70年代，浙江农业大学育成了黄花梨，并迅速推广。80年代，日本"三水"（幸水、新水、丰水）的引进，推动了梨生产的发展，全省梨园面积上了一个台阶，直至90年代中期，面积稳定在10万～12万亩。20世纪90年代末，随着翠冠、清香、西子绿等优质梨新品种育成与推广，由于成熟早、品质优，受到生产者、消费者热烈欢迎。尤其是在沿海地区可避开台风袭击，实现了安全生产，推广十分迅速。在短短的10年间，全省的梨园面积、产量均翻了两番，使浙江省梨的生产水平和规模再上一个新的台阶。

近年来，翠玉、玉冠等新品种的应用以及品种更新加快，促进了梨品种结构调整，早熟梨翠玉、翠冠的比例提高，黄花、新世纪等比例下降较快。与此同时云和雪梨等地方特色品种开始恢复发展，从此浙江省自育品种占领市场。目前，早、中、晚熟梨品种比例为7:1:2。2008—2017年，全省梨面积稳中有降，但产量一直较高，充分证明了栽培技术水平有了较大提高（表1-1）。

表1-1 2008—2017年梨面积、产量与产值变化

时间	2008年	2009年	2010年	2011年	2012年	2013年	2014年	2015年	2016年	2017年
面积 （万公顷）	2.74	2.54	2.487	2.438	2.372	2.32	2.46	2.281	2.257	2.218
产量 （吨）	375 587	382 379	379 297	385 684	390 500	393 006	406 432	384 346	387 418	388 602
产值 （亿元）	8.8	9.9	10.8	14.2	15.42	15.72	16.14	15.26	15.50	14.77

在生产水平方面也有了长足进步，梨树整形修剪基本形成了以开心形为主的模式，棚架、改良型棚架栽培模式逐渐发展。浙江省是我国最早开展梨设施栽培的省份。设施栽培使梨成熟期提前 10～20 天，延长了鲜果供应期，提高了经济效益。目前来看设施栽培面积有逐年扩大的趋势。

三、梨生产上存在的问题

1. **品种结构不合理** 我国梨栽培品种成熟期相对集中，主栽品种面积过大，中熟和中晚熟品种面积大，极早熟、早熟、极晚熟品种面积小，势必造成成熟期集中、产量过剩、卖果难的局面。

2. **省力化栽培模式应用不够** 我国传统梨树栽培多采用大冠稀植模式，但整形修剪、花果管理、病虫害防控等操作费工费时且劳动强度大，这种模式不适合目前劳动力不足、用工成本急增的形势。因此，建立与推广省工高效栽培技术与模式，是提高效率与经济效益的重要措施。

3. **病虫害防控水平良莠不齐** 病虫害是造成梨损失的主要因素。梨黑星病、梨锈病、炭疽病、梨小食心虫、梨木虱、梨瘿蚊等常常大面积发生，损失惨重。主要原因是生产上尚未建立有效的标准化防控技术体系，企业、合作社、种植大户及普通农户对以上病虫害防控技术掌握水平差异很大，不能抓住防控关键时期。

4. **梨园土壤培肥管理水平低** 梨园施肥主要依靠经验判断，经常为了追求产量大量施用化肥，不重视增施有机肥，这不仅影响树体的生长发育、花芽分化和果实品质，还会造成环境污染，土壤板结，破坏土壤团粒结构，使保水、保肥能力下降。

5. **机械化管理水平低** 我国梨园管理的机械化程度低，尤其是土壤的肥水管理、病虫防控方面，与发达国家相比差距较大。虽然北方许多大型梨园已开始使用施肥、除草、喷药设备，显著提高了效率，但总体而言，应用的比例还很低。大部分山地、丘陵果园还是采用传统的人工操作，劳动效率低下。由于南方梨园降水多，排水沟渠相对较多，不利于机械行走，限制了大型梨园机械的使用。适用于多雨地区的梨园机械研发尚处于起步阶段，不能满足梨树生产的需求。

6. **梨商品化处理水平低** 我国梨大多以手工分级为主，机械化分级水平低，影响果实的商品性。采后冷藏仅占总产量的25％左右，与先进国家80％以上鲜果进行冷藏或气调储藏的差距还很大。

四、提高梨商品性的有效途径

我国梨栽培历史悠久、资源丰富、产量高，但果品的单价仍处于世界的中下水平。提高果实的商品性可考虑以下途径：①选择优良品种，品种是优质高效生产的基础，选择外观好、品质优、且适宜本地区栽培的品种有利于提高果实的商品性；②提高病虫害防控水平，病虫害是影响果实商品性的重要原因，通过标准化、合理、及时的防控，可保证果实外观；③改良栽培模式，有利于通风透光的整形修剪模式可以改善果实外观，结合多次疏果、果实套袋等技术可以提高果实商品性；④提高商品化处理水平，采后商品化处理是提高果实商品性的有效途径，通过分级，选用合适的包装方法与材料可明显提高果实商品性。

第二章

梨对环境条件的要求及
生长结果习性

一、环境条件的要求

（一）光照

光是光合作用的能量来源，是形成叶绿素的必要条件，也是影响光合作用的重要因素，梨树 80％以上的干物质是通过叶片光合作用获得的。梨是喜光果树，年日照需 1 600～1 700 小时，因此在传统的梨树栽培上多采用疏散分层的树体结构，对幼树通过拉枝等措施促进早期整形，对成年树采用合理修剪的措施来改善光照条件，达到通风透光的目的。

叶片通过光合作用制造营养，供应自身及其他器官生长发育。光照不足，叶小而薄，产生的营养物质少，影响树体健壮生长。光照还有利于花芽分化，花芽形成的数量随着光照度的增加而增加，花芽质量也随着光照度的增加而增加。常表现为树冠外围枝上的花芽多而充实，树内部则相反。光照为果实生长发育提供了物质基础，光照条件好的部位果实大、色泽鲜亮、含糖量高、风味浓郁。

（二）温度

温度是梨树生存的重要条件之一，并直接影响梨树的生长和分布。梨树喜温，生育期需较高温度，休眠期则需一定低温。不同品种对温度的适应能力也有差异，秋子梨适宜的年平均温度为4～12℃，白梨及西洋梨为7～15℃，砂梨为13～21℃。当环境温度超出梨的适应范围，会对树体组织形成胁迫，胁迫持续一段时间造成不同程度的冷害或高温伤害。当土温达0.5℃以上时，根系开始活动，6～7℃时新根生长，超过30℃或低于0℃时即受到抑制并逐渐停止生长。梨花芽发芽需10℃以上气温，24℃时，花粉管伸长最快，4～5℃花粉管即受冻。在16℃气温下，花粉从萌芽到达子房受精需44小时。一般花期最适气温为18～25℃，若遇低温则影响授粉坐果，若遇高温（30℃）可导致受精不良，落花落果严重。

冬季要求低于7.2℃的低温530～1 000小时才能打破休眠，品种之间差异较大。这是冬季温暖地区栽培梨树需要考虑的重要因素，冬季低温不足，则春季开花不整齐；而夏秋季低温不足，花器发育差，花芽难以形成，所以在我国台湾南部采取每年多头高接取自异地的花芽来解决这一难题。

（三）水分

水是梨树生命物质的重要组成部分，直接参与梨树的生长发育等代谢活动和产量的形成，对梨树生命活动起着决定性作用。水分供应不足或过多都会严重影响梨树的营养生长和生殖生长。

梨树体和果实的水分占60%～90%，不同种和品种需水量不同。砂梨需水量最多，适宜在年降水量1 000毫米以上地区种植；白梨、西洋梨次之，多在年降水量为500～900毫米的地区种植；秋子梨最耐旱，年降水量501～750毫米即可满足需要。土壤含水量以田间持水量在最大持水量的60%～80%适合梨树生长。适当灌水可延迟花期，有效预防花期冻害。果实近成熟期，适度控水可有效提高果实品质，但水分严重不足会影响果实大小。在干旱情况下，供水过急或突降暴雨会造成裂果。

梨树较耐涝，梨树耐涝程度与水环境有直接的关系，水涝也会导致土壤通气障碍，使正常的有氧代谢过程受到抑制，如砂梨在含氧低的水中，连续9天便出现叶片凋萎现象，而在含氧高的水中11天不会出现萎蔫，在流动的水中20天不会出现萎蔫。

（四）土壤

土壤是梨树所需矿质营养的主要供给源。保持梨园土壤的营养平衡是促进根、枝、叶、花、果实分化和生长的前提。梨树属于深根性果树，大冠树体的根系深度可达2～3米，横向分布广度约为冠径的2倍。

梨树对土壤要求不严，沙土、壤土、黏土均可种植。但仍以土壤疏松深厚，地下水位较低，排水良好的沙质壤土最为适宜。梨适生于中性土壤，但pH在5～8.5范围内均可栽培。梨耐盐碱性较强，一般含盐量不超过0.2%的土壤都能正常生长。

二、园地选择的要求

（一）园地选择

梨树对土壤条件要求不严，但土层深厚、质地疏松、透气性好的肥沃土壤更有利于梨树的生长发育，是优质稳产高效的基础。我国在1960—1990年提倡"果树上山下滩，不与粮棉争地"，在种植业结构全面调整大背景下，平原地区种植果树面积日益扩大。在山地、丘陵选择园地时要求土层厚50厘米以上，若坡度在15°以下，坡向为南、西、东均可，但最好是南向，坡面要完整连片。坡度16°～25°的向阳中位山带，光照充足，昼夜温差大，生产的果实品质优。但随着坡度增大，土层变薄，土壤改良、肥料和果品运输、用药等成本增加，产量下降、品质变差，必须慎重考虑。在选择冲积平地、沙地、轻度盐碱地、退耕地、退林地等园地时，应选择土层深度不低于50厘米，地下水位在 1 米以下，含盐量不超过 0.2%，且无风沙旱涝威胁的土地作为园地。

梨树种植要避免忌地现象，在同一园地连作梨树，后作果树生长出现明显受抑制现象，因此不建议选择老果园或苗圃地作为新梨园地。若确实需要进行老果园更新，为减轻连作障碍，应尽量清除残根，同时将原沟改成畦种植树，将原种树处改成沟。有条件的情况下，最好轮作 2 年短期作物后再建园，这样才能获得更好的效益。

（二）规划

园地规划主要包括道路、栽培小区、防护林、园地排灌系统、房屋等建设规划。一般梨园栽培小区的用地面积应占总面积的 85% 以上，其他设施的用地面积约占总面积的 15% 以下，应充分利用土地种植梨树，方便操作与管理。

1. **道路设置** 果园道路分为干路和支路两种，干路供大型车辆通行，外接公路，内连支路，根据果园规模而异，通常宽 4～5 米。支路设在小区之间，供田间作业用，通常宽度 2～2.5 米。山区、丘陵地坡度小于 10°的园区，干路可以从上到下连通，路面中央稍高，两侧稍低；坡度大于 10°的园区，干路应迂回盘行，路面适当向内倾斜，以防水土流失，支路根据小区规模设计。

2. **栽培小区设置** 根据地形、地势及土地面积确定栽培小区。平原地 1～2 公顷为一个小区，山地、丘陵可按坡向设置小区或一个丘为一个小区，面积适当小一些，一般以长方形为宜。

3. **防护林栽植** 面积较大的果园一定要设置防护林，防护林不仅可以减轻风害，还能改善生态环境。一般每隔 200 米左右设置一条主林带，方向与主风向垂直。大型果园在与主林带垂直的方向间隔 400～500 米设置一条副林带。小面积的梨园视实际情况适量种植防风林带。

4. 园地排灌系统

（1）蓄水池 选择有较好水源的地方建园较理想，可直接利用现有的水源。山地、丘陵地可在梨园上方根据坡面、地形、降水量等条件挖掘拦水沟，并在拦水沟的适当位置建立蓄水池。平地及沿河地区可将河流、湖泊、水塘或地下水作为水源建设沟渠。引水沟以建在果园高处为好，以保证水能自流并保持一定的流速。大型果园引水沟较长，应设在主路的一侧，少占用土地，小型果园引水沟较短，可占用少量土地单设。

（2）排水沟 多雨地区建园，要建好排水沟，防止积水，一般要设主排水渠（沟）和行间沟。面积较大的平原地果园应建排水泵房。

三、生长结果习性

（一）根系

根是植物在长期适应陆地生活过程中发展起来的器官。除了从土壤中吸收和储藏溶解于水中的营养元素供应植物生长发育外，还具有固定植株的功能。

一般梨根系水平分布范围较大，为树冠 2 倍，少数可达 4～5 倍，初结果树植株根系集中分布在 20～40 厘米土层，距树干较近，树冠外根系很少。梨根的垂直分布与土壤深度、下层土性质、排水系统或地下水的高度等条件密切相关，以上条件适宜，根深分布可达 2 米。

梨根系生长，在年周期中有 5—6 月和 10—11 月两个生长高峰。新梢停止生长时根系生长最快，这是根系生长的第一高峰，此后根系生长逐渐减缓。果实采收后是根系生长的第二个高峰。落叶后根系生长逐渐进入冬季休眠状态。开始时梨树的根系中主根生长旺盛，进入一定深度后生长减缓，侧根的生长转强，主根到一定年龄后即失去功能，由侧根向下生长的大根代替。梨的水平根可以向外延伸很远，其主要根群一般集中分布在 10～45 厘米的土层中，在树冠范围内根系密，树冠外围根系少。梨树根系的生长与土壤温度关系十分密切。一般萌芽前表土温度达到 0.4～0.5 ℃时，根系开始活动，土温达到 4～5 ℃时根系开始生长，15～25 ℃生长加快，20～21 ℃时根系生长速度最快，超过 30 ℃或低于 0 ℃根系停止生长。梨树根系生长一般比地上部的枝条生长早一个月左右，且与枝条生长呈相互消长关系。

土壤含水量对根系生长也有一定影响，土壤含水量达到田间持水量的 60%～80% 时，土壤通气性最好，若此时土壤温度适宜则有利于根系生长，土壤含水量低于田间持水量的 40% 时，则影响根系正常生理活动。土壤水分过多，持续时间过长也会引起根系窒息而导致全树死亡。

（二）芽和枝条性状

芽是枝、叶、花的雏形，梨树的生长、结果与更新等重要生命活动都通过芽来实现。根据芽的性质可分为叶芽（或枝芽）与花芽。叶芽萌发后只抽生枝叶。花芽萌发后如只抽生花或花序称为纯花芽；花芽萌发后，抽生花序兼生枝叶则属于混合芽。叶芽按其在枝条上着生位置的不同，又分为顶芽与腋芽（或称侧芽）。梨树顶芽、腋芽形成的第二年，大多数能萌发为枝条，第二年不萌发的芽称为隐芽，即潜伏芽。

梨芽按其萌发情况可分正常芽与休眠芽。第二年春季萌发的芽为正常芽，第二年不萌发的为休眠芽。休眠芽的寿命较长，有利于更新复壮。

梨树一年生枝上的芽越冬后均可萌发，梨芽萌发力高的特性与其芽鳞片数较多、芽分化较完善有关。叶芽的主要特征：①叶芽的萌发力强，一般萌芽率可达 90% 以上，但成枝力弱；②隐芽的潜伏期长，在没有特殊的刺激情况下不会萌芽，在受到较大的刺激后容易萌发，一般在重修剪、刻芽刺激作用下可萌发，但比普通的芽萌发推迟 15～20 天，隐芽一旦萌发，往往生长势很强，会形成较强的徒长枝，在整形修剪上可用作更新枝进行老树更新复壮；③早熟性差，当年形成的叶芽一般不萌发，要等到越冬后第二年才抽枝，但徒长枝经摘心或短截后能促使叶芽萌发形成新的枝梢。

花芽分化是梨年周期中重要的生命活动之一，花芽的数量、质量与果树产量直接相关。花芽又称为混合芽，因芽内包含花原基和叶原基，萌发后既能开花结果又能抽生枝条。花芽较叶芽肥大而钝圆，依花芽着生的位置不同而分为顶花芽和腋花芽。在枝条顶部形成的花芽称为顶花芽，是梨树主要的结果花芽，在枝条叶腋间形成的花芽称为腋花芽。梨花芽分化时期较早，南方梨园一般在 5 月中旬花芽开始分化，在 6 月下旬幼果急速膨大时花芽进入大量分化期，一般 7 月中下旬花萼开始形成，8 月中旬大部分形成，8 月中下旬雄蕊开始形成，8 月下旬至 9 月中旬雌蕊开始形成，到果实采收时，大部分花芽都已形成。北方梨园 6 月上旬花芽开始分化，9 月中旬结束，有的品种推迟到 9 月下旬到 10 月初结束（图 2-1）。

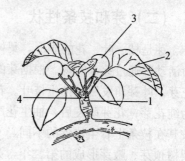

图 2-1　梨混合花芽的开花结果状态
1. 混合花芽开放后先抽生短缩的新梢
2. 新叶　3. 幼果　4. 副芽（新梢叶腋间）

梨叶芽萌发后抽生新梢，新梢落叶后至第二年萌发前称为一年生枝。根据枝梢的年龄分为新梢、一年生枝、二年生枝、多年生枝（三年生以上）；根据枝的性质分为营养枝和结果枝等，着生有花芽的一年生枝称为结果枝，没有着生花芽的一年生枝称为发育枝或营养枝。一般根据新梢长度，将一年生枝分为 3 种：小于 5 厘米为短枝，5～30 厘米的称为中枝，30 厘米以上的称为长枝。结果枝也分为 3 种：长度在 5 厘米以下的为短果枝，5～30 厘米的称为中果枝，30 厘米以上的称为长果枝。短果枝连续结果并长出副梢，经过 2～3 年以后，形成多个短果枝称为短果枝群（图 2-2）。

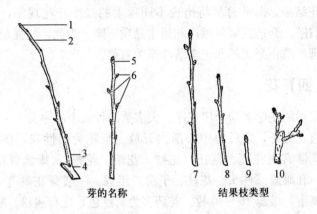

芽的名称　　　　　　结果枝类型

图 2-2　梨树的芽和枝
1. 顶芽　2. 侧芽　3. 隐芽　4. 副芽　5. 顶花芽　6. 腋花芽
7. 长果枝　8. 中果枝　9. 短果枝　10. 短果枝群

（三）叶片

梨叶是由叶片、叶柄和托叶三部分所组成的，有圆形、卵圆形、椭圆形和披针形四种形状特征。叶片主要功能是光合作用和蒸腾作用，还具有合成、储藏和吸收的功能。

叶片的周年生长随新梢的生长而生长。在长梢上，一般基部第 1 片叶最小，自下而上逐渐增大。最大叶片一般为第 9～11 片，南方地区长梢一般 6 月上中旬停梢。梨树叶片数量和叶面积与果实生长发育关系密切，如砂梨品种，一般每生产 1 个果实需要 25～35 张叶片，如果叶片不足则当年的优质丰产就没有保证。

梨在落叶之前，靠近叶柄基部分裂出数层较为扁小的薄壁细胞，它们横隔于叶柄基部，称为离区；离区形成后，在其范围内一部分薄壁细胞的胞间层发生黏液化而分解或初生壁解体形成离层；离层形成后，叶受重力或外力作用便从离层处脱落。近年来，梨树早期大量落叶的现象表现尤为突出，不仅影响树体储藏营养积累，降低梨树抗寒能力，而且影响花芽的后期分化和翌年的开花结果。落叶过早将出现不同程度的二次开花现象，俗称"开秋花"，会造成翌年减产和果实品质下降。为此，加强梨园综合管理，防止梨树的非正常落叶至关重要。

（四）花

梨树的花序多为伞房花序。大多数品种每个花序有 5～10 朵花，边花先开，之后向中心渐次开放。梨花为两性花，杯状花托。花器官由花梗、花托、花被（花瓣、花萼）、雄蕊（花药、花丝）和雌蕊（柱头、花柱、子房）组成。一般梨花雌蕊 3～5 枚，离生，雄蕊 15～30 枚。花药多为紫红色，也有浅粉、粉红、红、紫等颜色。雄蕊数量在品种间和品种内都存在明显差异。梨开花需要 10 ℃以上气温，气温低、湿度大则开花慢、花期长，相反则开花快、花期短。

花期迟早和长短与品种、气候、土壤、管理有关，同一品种不同年份花期差异较大，但不同品种的花期总体趋势仍相对一致。如南方诸省的栽培品种中，黄花、翠冠、脆绿、清香为早花类；新世纪、丰水为中花类；翠玉为晚花类。

梨树是自花不实的树种，栽植时需配置适合的授粉品种。梨树的花粉直感现象明显，选择授粉品种和人工授粉的花粉时要考虑到这一特性。

（五）果实

梨果实由花托、子房和萼筒三部分发育而来，其可食部分由花托发育而成，子房发育形成果心，胚珠发育形成种子，属于假果。梨果实形状各异，有圆形、扁圆形、卵圆形、倒卵圆形、圆锥形、圆柱形、纺锤形、葫芦形等。果皮颜色多样，总体可划分为绿色（包括绿色、黄色、绿黄色、黄绿色等）、褐色（包括绿褐色、黄褐色、红褐色、褐色等）和红色（包括紫红、鲜红、粉红）。根据果实的生长发育规律和特点，一般分三个时期。

1. 果实快速增大期 从子房受精后开始膨大起，到幼嫩种子开始出现胚为止。该时期花托和果心部分细胞迅速分裂，胚乳细胞也大量分裂。由于细胞迅速分裂、细胞数目迅速增加，果实体积快速增大，表现为果实纵径比横径增加更明显，因此多数品种幼果呈椭圆形。

2. 果实缓慢增大期 自胚出现到胚发育基本充实为止。该时期主要是胚迅速发育增大，并吸收胚乳逐渐占据种皮内全部空间，而果肉和果心部分体积增大缓慢，变化不大。因此，表现为果实外观变化不明显，属缓慢增大期。

3. 果实迅速膨大期 从胚占据种皮内全部空间到果实发育成熟为止。该时期主要是果肉细胞体积和细胞间隙容积的迅速膨大，使果实体积、重量随之迅速增加，特别是果实横径显著变化，使果实形状发生根本性改变，最终形成固有果形。

梨树的落花落果是一种正常的自疏现象。在年周期中一般有三次生理落果，第一次出现在落花后，第二次出现在第一次落果后一周左右，第三次出现在第二次落果后两周左右（多在5月上旬发生）。引起落果的原因：第一、二次主要是授粉受精不完全而产生落果，第三次落果虽与前者有关，但主要是由营养和水分供应不足引起的。开花过多、着果过量、肥水供应不足、土壤管理不善、氮肥过多、夏梢过量等引起梢果争夺养分均会造成大量落果。

第三章

优 良 品 种

梨属于蔷薇科梨属（*Pyrus* L.）植物，目前已知的梨属植物有13个种，用于鲜果生产的主要有砂梨、白梨、秋子梨、西洋梨和新疆梨5个种。栽培品种数量繁多，截止到2018年，我国梨种质资源圃保存的品种已达1 500余份，育成的栽培品种230余个，同时也从国外引入了很多优良品种，丰富了我国的梨品种资源。

一、品种选择的要求

品种是经人类培育选择创造的、经济性状及农业生物学特性符合生产的、遗传上相对稳定的植物群体。而优良品种必须具有综合的优良性状，能满足农业生产需要。随着育种技术的进步与品种改良的不断深入，品种的特性越来越接近预期目标。优良的品种是优质栽培的基础，为达到优质、丰产、高效的栽培目的，首先要选好品种。南方梨品种要求如下。

1. **品质优** 基本要求是果形端正，果皮平滑，有光泽，无果锈或少果锈，果点小而疏。果型中或大，大果型品种，单果重250克以上；中果型品种，单果重200克以上。肉质细而松脆，石细胞少，汁液多，风味甜或酸甜适口，具香味。果心小。

2. **适应性强** 适应不同土壤、自然气候条件，对生态环境条件没有严格的要求。

3. **抗逆性强** 对各种逆境忍耐性强，如抗风、抗盐碱、抗干旱和耐涝等能力强，抗病虫能力强。

4. **栽培容易** 正常的土、肥、水、修剪、花果等栽培管理措施就能达到优质、丰产的目标。

5. **早结果、易丰产** 生长旺盛，花芽容易形成，连续结果能力强，没有大小年现象。

6. **耐储运，货架期长** 树上挂果时间长，抗黑斑病、轮纹病，储运过程中损耗少，货架期长。

二、适宜发展的优良品种

（一）适宜我国发展的优良品种

1. **早酥** 中国农业科学院果树研究所育成，亲本为苹果梨×身不知。果实卵形或卵圆形，平均单果重250克，梗洼浅而狭，有棱沟，萼片宿存，果皮黄绿色或绿黄色，果面光洁、无果锈，果肉白色，肉质细、酥脆，石细胞少，汁多，味甜或淡甜，可溶性固形物含量11.0％～14.0％。树势强健、发枝力中等，以短果枝结果为主，坐果率高，具有早结果、早丰产特性。辽宁兴城8月中下旬果实成熟，果实发育期100天。该品种适合北方白梨产区栽培。

2. **黄冠** 河北省农林科学院石家庄果树研究所育成，亲本为雪花梨×新世纪。果实椭圆形，平均单果重278克，果面绿黄色，果面光洁无锈，萼片脱落，果肉白色，肉质松脆，汁多，风味酸甜适口，果心小，可溶性固形物含量11.4％，在河北省石家庄地区8月中旬成熟，自然条件下可储藏20天，冷藏条件下可储藏至翌年7月。树势较强，具有早果、丰产、稳产特点，是我国栽培面积最大的中熟品种。

3. **库尔勒香梨** 原产于我国新疆南部的地方品种，库尔勒地区是其最知名的产地。果实近纺锤形或呈倒卵圆形，平均单果重80～100克，果梗粗短，常膨大成肉质，萼片脱落或残存，萼洼较深，果皮绿黄色，阳面有红晕，果面蜡质明显，果肉白色，果心较大，肉质细嫩，汁多爽口，味甜具清香，可溶性固形物含量13％～16％，品质上等。在库尔勒地区9月中旬成熟，果实极耐储藏，一般冷藏情况下可储藏至翌年4—5月。树势、发枝力强，以短果枝结果为主，丰产、稳产。

4. **南果梨** 原产于我国辽宁省鞍山市的地方品种，是自然实生后代，是我国东北地区栽培面积较大的秋子梨品种。果实圆形或扁圆形，平均单果重58克，梗洼浅而狭，萼片宿存或脱落，果皮绿黄色，经后熟为全面黄色，向阳面有鲜红晕，果面平滑，有蜡质，果肉黄白色，肉质细且柔软，酸甜适口，香气浓郁，汁多，果心大，平均可溶性固形物含量15.5％～17％，鞍山地区9月上旬果实成熟，果实发育期115～120天。树势中庸。树姿半开张，发枝力弱，以短果枝结果为主，抗寒性强。

5. **中梨1号** 又名绿宝石，中国农业科学院郑州果树研究所育成，亲本为新世纪×早酥。果实近圆形，平均单果重250克，果面较光滑，有光泽，北方气候干燥地区栽培无果锈，南方栽培有少量果锈，果皮翠绿色，萼片脱落或残存，果肉乳白色，肉质细脆，汁液多，可溶性固形物含量12％～13％，品质中上。在郑州地区7月上中旬成熟，较耐储藏。该品种在雨水较多地区有裂果现象。树势强，树姿直立，以短果枝结果为主，抗病性较强。适合山东、河南、山西等地种植。

6. **玉露香** 山西省农业科学院果树研究所育成，亲本为库尔勒香梨×雪花梨。树势中庸，树姿较直立，以短果枝结果为主。果实卵圆形或近圆形，果实平均单果重250克，果皮绿黄色，果面光洁，具蜡质，阳面具红晕或暗红色纵向条纹，萼片残存或脱落，果皮薄，果心小，可食率高，果肉绿白色，充分成熟果为白色，肉质细、疏松，汁多，味甜，具清香，可溶性固形物

12%左右，山西晋中地区 9 月上旬成熟；耐储性好，冷库可储藏 8 个月以上。花粉量少，不宜作授粉树。

（二）适宜浙江发展的优良品种

1. **翠冠**　原代号 8 - 2，浙江省农业科学院园艺研究所与杭州市果树研究所协作用幸水×6 号（新世纪×杭青）杂交育成。该品种果实近圆形，平均单果重 230 克以上，底色绿色，皮色似新世纪，果点稀，萼片脱落。果肉白色，肉质细嫩且脆，味甜，可溶性固形物含量 12%～13%。杭州地区初花期在 3 月底至 4 月初，果实生育期 105～115 天，7 月底 8 月初成熟，应适当早采收。树势强，花芽形成良好，坐果率高。可以代替早熟品种新世纪，果面有锈斑，通过套袋可以明显改善。

2. **翠玉**　原代号 5 - 18，浙江省农业科学院园艺研究所用西子绿×翠冠杂交育成。果实圆形或扁圆形，平均单果重达 257 克，果皮纯绿色，无锈斑，套袋后果实呈黄绿色，颜色一致，外观美，优于翠冠；果肉细嫩，多汁，味甜，可溶性固形物含量 11%～12%，糖度略低于翠冠。耐储性明显优于翠冠。杭州地区 7 月中下旬成熟，比翠冠早 7～10 天。

3. **清香**　原代号 7 - 6，浙江省农业科学院园艺研究所与杭州市果树研究所协作用新世纪×三花梨选育而成。果实长圆形。果型极大，单果重在 280 克以上，大果重可达 1 000 克，果皮褐色，果点较大，萼片宿存或脱落。套双层袋后，果皮呈黄褐色，有光泽，外观改善明显，果肉白色，味甜、汁多，可溶性固形物含量 12%～14%，其显著特点是果心极小，可食率高。树势中等，树姿直立，发枝力弱，成熟枝梢浅褐色，花芽短，极易形成，叶片稀疏而小，在生长期容易辨认。花期略早于黄花、翠冠，着果性能好，栽培上要加强肥水管理，适当重修剪，控制留果量，可连年丰产。花期早、花粉量多，是优良的授粉品种。

4. 玉冠 1993 年浙江省农业科学院与日本枥木县农业试验场合作以筑水为母本、黄花为父本杂交育成。果实长圆形，平均单果重 250 克以上，大果重超过 500 克，果点小，萼片脱落，也有宿存。果皮浅褐色，果肉白色，肉质细嫩、化渣，初采时味酸甜、汁多，充分成熟后味甜浓，可溶性固形物含量 13%～14%。该品种生长势强健，花芽极易形成，长、中、短果枝结果性能均好。丰产性与黄花相似，品质优于黄花。

5. 秋月 日本品种，系（新高×丰水）×幸水杂交育成。果实呈扁形，果形端正，果皮黄红褐色，果肉乳白色，果心小，肉质细脆，汁多味甜，可溶性固形物含量 13%～14%。可食率高。平均单果重 300 克左右。在杭州地区 8 月底到 9 月上旬成熟。树势强，枝条粗壮，短果枝少，花粉量多，坐果良好，抗黑斑病。

（三）有希望的杂交优系

1. 新玉 浙江省农业科学院园艺研究所于 2010 年从长二十世纪×翠冠杂交选出的特早熟优系。果实扁圆形，果型端正，果皮全褐色，色泽亮丽，平均单果重 250 克，肉质细，味甜，可溶性固形物含量 12%～13%。是个有希望的早熟褐皮优系，2018 年获得国家植物新品种授权。杭州地区 7 月中旬成熟。

2. 7-1 浙江省农业科学院园艺研究所育成，亲本是丰水×（清香、翠冠、17-4 等混合花粉）。果实扁圆形，果型较端正，果皮全褐色，色泽亮丽，属大果型优系，在管理良好的果园平均单果重可达 1 000 克，可溶性固形物含量在 12%以上，树势强健，花芽容易形成，杭州地区 9 月中下旬成熟。

3. A14 浙江省农业科学院园艺研究所育成，翠冠自然授粉实生选育而成，果实近似圆锥形，基部有凸起，萼片残存。果皮绿色，有果锈，果型较端正，属大果型优系，平均单果重 400 克，果肉乳白色，果心小，肉质细脆，汁多味甜，可溶性固形物含量 12.5％以上，树势强健，产量高。杭州地区成熟期在 8 月中旬。

4. **绿冠**（暂定名）　西子绿×翠冠杂交后代。果实圆形、端正，平均单果重 250 克，果皮绿色，有光泽、无果锈。肉质细嫩、松脆，味甜，可溶性固形物含量 11％～12％。树势中庸，花芽容易形成，各地栽培表现稳定，杭州地区 7 月下旬成熟，比翠冠早 7 天左右。外观、耐储性优于翠冠，但甜度不如翠冠。

第四章

苗 木 的 培 育

一、砧木苗的培育

（一）常用砧木

砧木是培育良种苗木的基础，能用于嫁接的砧木很多，各地应根据本地区的气候条件，选择适宜的砧木进行嫁接。现将常用砧木种类简要说明。

1. **杜梨**　俗称棠梨、土梨、灰梨。野生种、乔木，枝上有刺，叶菱形或长圆形，果实近圆形、褐色，较鲜豌豆略大，种子褐色，每千克种子有 28 000～70 000 粒，生长旺盛，根系深而发达，适应性强，抗旱、抗涝、耐盐碱，但易感染腐烂病，不抗火疫病，是我国西北、华北地区的常用砧木。

2. **豆梨**　又名鹿梨，在江苏又称红棠梨，山东又称鼠梨、山梨、山棠梨、明杜梨。野生种、乔木，枝上有刺，分枝少，叶阔卵形或卵形，果球形、小，种子小、有棱角，每千克种子 80 000～90 000 粒，根系较深，抗旱、抗涝，但略差于杜梨，适宜温暖湿润气候，较能适应黏土和酸性土壤环境，抗腐烂病，适宜嫁接砂梨、西洋梨品种。是华中、华东、华南地区常用砧木。

3. **砂梨**　有野生砂梨和栽培砂梨的实生砧木，以野生种作砧木较好，根系发达，抗涝性强，但抗旱、抗寒力差，对腐烂病有一定抗性，适合温暖多雨地区，是长江两岸及以南地区常用砧木。

4. **秋子梨**　有野生种和栽培种，用作砧木应选野生种，乔木，种子褐色、较大，每千克种子有 16 000～28 000 粒，抗寒性强，抗腐烂病，但不抗盐碱，嫁接苗树体高大，与秋子梨、白梨、砂梨品种嫁接亲和力强，与西洋梨亲和力差，是我国东北、华北北部和西北北部的主要砧木。

此外川梨适宜云南省，褐梨多用于北方，麻梨多用于西北地区，河北梨用于华北东北部。

在矮化砧木方面，榅桲是西洋梨的矮化砧，但常用中间砧进行二重接，就是在中间砧上嫁接西洋梨品种，目前与榅桲嫁接较好的中间砧有安久梨、库尔勒香梨、开菲、安吉斯等。我国目前已育成中矮 1 号、中矮 2 号、梨 K 系矮化砧木，但还未全面推广。

（二）砧木苗的培育

1. **种子采集和储藏**　一般在 9—10 月采收成熟的果实，需堆积捣碎果肉，促使腐烂，堆放不宜超过 20～30 厘米，以防堆内温度过高，引起发热，堆温不超过 40 ℃，一周后果肉腐烂，经过搓、揉、淘、冲水处理后，取出种子，洗净后晾干、备用。

采下的种子需经过层积处理后才能播种，在南方如要秋播，可采下种子当即播种，使其在地面通过低温和后熟，如要春播，冬季需进行沙藏处理，就是将种子和沙分层堆放，放于容器中或挖坑堆放都可以，但要保持一定湿度，用手捏紧成团、双手松开不滴水即为所需湿度，层积场选择北面阴凉处，定期检查，是否有过干、过湿等现象及鼠害发生，堆放 40～60 天，3 月上中旬及时检查种子尖端是否发白，随时准备播种（表 4－1）。

表 4-1　梨不同砧木种子层积时间（天）

种　类	层积时间	种　类	层积时间
杜梨	35～54	褐梨	38～55
豆梨	35～45	川梨	35～50
秋子梨	40～55	野生砂梨	45～55
榲桲	35～50		

2. **整地播种，培育管理**　选择地势高、土地平整、土层肥沃、排水良好的沙壤土进行深翻施肥，最好每亩施 1.5～2 吨有机肥并加入适量过磷酸钙，如无有机肥，可每亩用 40～50 千克复合肥，施肥完毕，需一个月后再播种，一般采用条播，播种深度为种子大小的 3 倍左右。于沙壤土中播种比黏土播种深度要深，杜梨、豆梨、秋子梨等播种深度 2 厘米左右，播前先灌水，播后盖地膜或秸秆，以提高土温和保持水分，要经常检查种子发芽情况，发现苗木开始发芽后，选阴天或傍晚揭去覆盖物，出苗后若天气干旱，最好在傍晚时给幼苗浇水，气温回升，小苗扎根后，采取薄肥勤施，每次每亩施尿素 7～8 千克，为防止幼苗猝倒病发生，可喷 70% 甲基硫菌灵可湿性粉剂 1 000 倍液，幼苗 2～3 片真叶时开始间苗，疏除过密、生长差的苗，间苗分两次进行，地下害虫多的地方留苗适当增加。注意加强病虫害防控及地面除草，确保苗木正常生长。

二、嫁接苗的培育

（一）接穗的准备

从品种纯正、优良、生长健壮、无病虫害的成年母本树上，选取发育充实的枝条作为接穗。春季嫁接用的接穗，可在前一年结合冬季修剪选留树冠外围上中部枝条中粗度为 0.5～0.8 厘米的生长枝或结果枝，50 株为一捆，注明品种，沙藏于阴凉高燥处或直接储藏于露地，以备嫁接用。秋季用的接穗，最好随采随用，枝条剪下后，去掉叶片，留叶柄，以减少水分蒸发，长途运输需进行保湿并注意使用透气包装。到达目的地，将接穗下端剪口处浸于水中，以恢复新鲜状态。

（二）嫁接时期、方法

嫁接分春秋两季，南方春季枝接一般在 2 月至 3 月上旬，杭州、绍兴等地采用掘砧根接，即将砧木挖出土，在室内进行根接，一株砧木的根可剪成 10 厘米左右长的 2～3 段，可以接 2～3 株。嫁接好的苗可直接种植于苗圃，苗圃应先覆盖地膜再种嫁接苗，这样苗木发芽早而整齐，也有将嫁接苗置于塑料箱中放阴凉处于春节后种植的，效果也很好。南方芽接多在 8—9 月进行。北方由于气候寒冷，春季解冻晚，主要在秋季芽接，一般在 7 月下旬至 8 月中下旬。

梨树嫁接分为芽接和枝接，简要介绍如下。

1. 芽接

（1）T 形芽接　削芽时选接穗中上部饱满芽，左手拿接穗，右手持芽接刀在接穗芽上方 0.5～0.6 厘米处横切一刀，然后在芽下方 1～1.2 厘米处向上斜削一刀，深达木质部，形成盾状芽片，用手取下，然后在砧木根颈部离地面 4～6 厘米处，选光滑部位，开 T 形略长于芽片的切口，用剥皮骨片将切口剥开，将削好的盾形芽片插入 T 形切口内，芽片的横切口和砧木横切面对齐，然后由塑料薄膜自上而下扎紧，缚扎时露出叶柄和芽（图 4-1）。

（2）嵌芽接　又称带木质部芽接或贴皮芽接。也就是说不论砧木和接穗离皮与否均可用此法，先在芽上方 0.8～1 厘米处向下斜削一刀，长约 1.5 厘米，然后在芽下方 0.7～0.8 厘米处向内偏向斜切到第一刀口，取下带木质部芽片或不带木质部芽片。

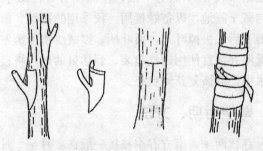

图 4-1　T 形芽接

砧木亦从下而上削去一梭形砧皮，深达木质部，要求削面光滑，削口大小、形状与接芽片一致，然后把梭形芽片紧贴于砧木切口上，上下对齐，用塑料薄膜绑紧（图 4-2）。

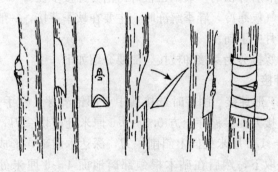

图 4-2　嵌芽接

2. 枝接

（1）切接　是应用最广泛的一种方法，操作简单，成活率高。其方法是将砧木离地面 5 厘米处切断，选树皮光滑一面，先削一小斜切面，在小斜切面上向下直切一刀，长 2～3 厘米；接穗通常剪成 5～8 厘米，带 1～2 个芽，将两面削成长短切面，长切面约 3 厘米，短切面约 1.5 厘米，将接穗长切面紧贴砧木切面插入，将砧穗一侧的形成层对齐密合，砧木切开的皮层包在接穗外面，用薄膜密封扎紧，防止水分蒸发或雨水淋入，以免影响成活（图 4-3）。

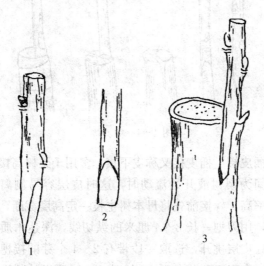

图 4-3 切 接
1. 接穗长切面 2. 接穗短切面 3. 插入切口

切接另一种方法称为根接，是一种利用砧木根和接穗相结合的方法。在浙江各地采用较多，只要砧木生长粗壮，主根长而粗，每根主根可嫁接 2～3 株品种苗，可明显增加繁殖系数。方法与切接相同，不同之处：一是室内进行；二是接穗削芽约 2 厘米，1 个芽；三是流水作业，嫁接速度快，白天、晚上、雨天均可进行。

（2）劈接 在粗壮的砧木上或高接换种时采用，砧穗粗度相同时也可采用。将砧木中间垂直切开，深 3 厘米左右，接穗削成两面相同的楔形削面，带 2 个芽，将接穗插入砧木劈口处，砧穗连接上方留 0.5 厘米露出不插入砧木劈口内，称为露白，有利于伤口愈合，砧木粗，接穗可插 2～4 个，两者一侧的形成层必须紧密结合，然后用塑料薄膜绑紧密封（图 4-4）。

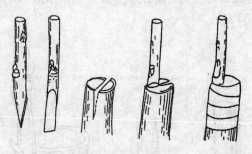

图4-4 劈 接

（3）插皮接 插皮接又称皮下接，多用于梨树高接换种，嫁接最佳时间为梨树液开始流动时，这时皮层容易剥离，嫁接方便，成活率高。嫁接前先将母本树主枝一定高度截断，选光滑的一侧断面，用刀划一长3～4厘米的纵切线，深达木质部，用竹片将切口处皮层挑开，选取一段带有2～4个芽的接穗，一手拿接穗，一手拿刀于顶芽向下方削一长3～4厘米的削面，再在长削面的背后削一0.6～0.8厘米的短削面，然后将削好的接穗长削面的一边插入主枝断面皮层裂口处，注意留白。用塑料薄膜扎紧密封，为确保成活，可在嫁接处套一小塑料袋或对接穗上部的剪口用薄膜密封（图4-5）。

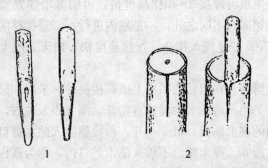

1   2

图4-5 插皮接
1. 削好的接穗正面及背面 2. 切开的砧缝及接穗插入状

（三）嫁接苗的管理

1. 检查成活率和及时去除绑缚物 芽苗接后 10～15 天检查成活率，成活的接芽新鲜，若叶柄一触即落且接芽发黑，说明未成活，应马上补接。包扎物不宜去除过早，一般三周以后再解绑。

2. 剪砧 早春树液开始流动前，在接芽上方 0.5～0.8 厘米处剪砧，剪口略向芽背倾斜，剪口要平滑，有利于愈合。

3. 抹芽和除萌蘖 发芽后一周需抹除砧芽和根蘖苗，连续 3～4 次，确保接芽生长，发现未接活的苗木，应保留一个强壮的砧苗，其余去除，可进行补接或冬季挖苗时一并挖出，冬季进行根接。

4. 加强综合管理，培育壮苗、大苗 苗高 70～80 厘米时摘心，促进苗木增粗和保证整形带内芽充实饱满。及时除草浇水，5 月开始追肥，每亩施尿素 5～10 千克，根据生长状况，强苗少施，弱苗多施，追肥 3 次，也可在防控病虫害时结合根外追肥重点防控蚜虫、刺蛾、金龟子、缩叶病（瘿螨病）、黑星病、赤星病、黑斑病，确保苗木正常生长。

三、苗木质量标准

晚秋苗木落叶后，即可挖苗出圃，如当年秋季天气暖和不能自然落叶，但已到掘苗时间，可将未脱落叶子抹除，以促进早期结束生长。挖苗时需分清品种，挖土要深，尽量少伤根系和碰伤地上部，边挖苗边分级，特级苗 25～50 株一捆，一级苗 50～100 株一捆，二级苗 100 株一捆，等外苗可留在苗地继续培养。

苗木质量好坏，直接影响今后梨树生长发育和结果状况，苗木合格的标准如下：①生长健壮，茎干挺直，高度达到 100 厘米以上，粗度 1 厘米以上为特级苗，高度达到 80 厘米以上，粗度

0.8 厘米以上为一级苗，高度达到 60 厘米以上，粗度 0.6 厘米以上为二级苗；②根系分布均匀，具有相当数量和长度的主根、侧根，并有较多须根；③切口愈合良好，没有根癌病等检疫性病虫害。

符合标准苗木起苗后暂不外运，可分级别进行假植，每品种必须挂牌，选高燥平坦避风的地方，挖东西向 40～50 厘米深的假植沟，将苗木向南斜放沟中，覆土时苗木根系要与土壤充分接触，勿留空隙，覆土后要压实浇透水，避免暴露根系影响苗木质量。

第五章

早果稳产栽培技术

一、选择适栽优良品种

品种选择要有明确的目标，不要盲目跟进、随大流、一哄而上，不要盲目相信广告、来源不明的信息，不要贪图便宜购买劣质苗，必须充分调查研究，根据当地自然环境、品种适应性以及市场的需求和交通运输情况选择，还要考虑品种特征、特性等，选择适时、适口、适量的优良品种种植。

品种选择必须选择品质优良的品种，以长势旺、分枝量多、花芽易形成、结果良好，盛果期亩产能稳定在 2 000 千克左右的品种为宜。梨单一品种自花不结果，在主栽品种确定后还必须配置授粉树，主栽树与授粉树比例是 2：1、3：1 或 4：1 均可。

根据经营目的和规模大小选择品种。①个体专业户小规模分散经营多在城乡郊区，以批发梨果和零售为主的梨园，选择 1～2个品种，错开熟期。②专业乡镇合作经营，成片种植，分户管理，形成果品基地，客户自愿采购，以农户为主。成立家庭农场、合作社、果品协会，由乡镇农业办公室、农业协会牵头，帮助联系销路、提供技术指导，这种形式应选择主栽品种配以适当零星品种。③休闲观光经营以农家乐的形式为主，观光观赏、自采、游乐为一体的休闲农庄规模较大，一般在 150～500 亩，要求品种既有特色又要多样化，要求管理精细、梨品质高档，以此吸引顾客。

二、合理定植

（一）定植时期

定植时期应根据当地气候条件确定，冬季温暖、气候湿润的南方地区适于秋栽，从苗木落叶后进入休眠期至春节前均可种植，有利于根部伤口愈合，缓苗期短，成活率高；而冬季严寒、干旱和风大的北方地区，多在早春（3月下旬至4月上旬）萌芽前种植，以防苗木冬季冻害和抽条。

（二）定植密度

种植梨苗应考虑品种、生长势、砧木种类、管理水平高低，为了提高果园前期产量，可采用密植栽培，待果园出现郁闭状况再进行间伐或移栽，常用的栽植方法有以下几种。

1. **长方形栽植**　长方形栽植是目前应用最广泛的一种方式，其特点是行距大于株距，有利于通风透光和行间操作管理，株行距为5米×4米或6米×5米，也有采用2米×5米或2.5米×6米，先密植，封行后再间伐成4米×5米或5米×6米。

2. **正方形栽植**　正方形栽植行距、株距相等，其特点为前期通风透光，早期产量高，土地充分利用，但后期若不及时间伐或移栽，会造成株间郁闭，通风透光不良，不利于行间操作管理，早期采用的株行距为4米×2米或5米×2.5米，封行后改为4米×4米或5米×5米。

3. **等高栽植**　等高栽植适用于山地和缓坡梨园，沿等高梯田种植，有利于水土保持和操作管理，行距应随坡度增加而逐步缩小。

（三）定植技术及种后管理

1. **定植技术**　按株行距先定点再挖穴，挖穴大小视土壤质地而异。土壤深厚、疏松的沙质壤土，穴宽80～100厘米，深50～60厘米；水稻地因地下水位较高，宽80～100厘米，深40厘米即可；山丘地土层较浅，土壤黏重，宽80～100厘米，深70～80厘米。先将浮土或稻秆、枝条、绿肥枝干、碎石等放入底层约穴深1/3处，再施有机肥50～60千克或砻糠鸡粪25千克加磷肥1～2千克或饼肥3～5千克，然后与土混合施入，再填土做成高出土畦面30厘米左右的馒头形，以免种后土壤下陷，造成种植过深影响成活（图5-1）。

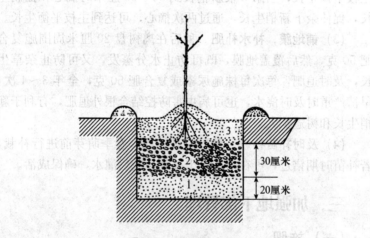

图5-1 苗木定植方法
1. 表土 2. 表土+农家肥+化肥 3. 表土或心土 4. 心土

2. 种植要点 选用粗壮、根系发达、无病虫的优良苗木，将粗根剪去1～2厘米，断根剪平，促发新根，嫁接处薄膜需解除，以免凹入木质部，影响苗木生长；株行距准确，将苗木放入穴中央，扶正苗木后填入表土，边填土边轻提苗木踏实，使根系与土壤紧密接触，浇透清水，一周再检查一次，覆土立支柱，需注意不可种植太深，嫁接口需露出土面，以防病毒感染生长缓慢。

3. 种后管理

（1）定干与刻芽 栽后立即定干，去除无用枝，减少水分蒸发，防止抽条，以防止苗木风大摇动，影响成活率，剪口下第二、三、四芽进行刻伤，在芽上方 0.3～0.5 厘米处刻伤，只伤及皮层，不可伤到木质部，这样有利于促发新梢生长。

（2）及时除萌、摘心 苗木发芽后，靠地面茎部的萌蘖及时抹除，全年进行 3～4 次，确保嫁接苗正常生长。由于梨苗发枝力不强，种后剪口第一根新梢长势强，余下新梢长势差，为达到主枝平衡生长，当第一根新梢长到 50～60 厘米时摘心，控制生长，促使余下新梢生长，通过两次摘心，可达到主枝平衡生长。

（3）铺地膜，补水补肥 种后在离树盘 20 厘米周围施复合肥 50 克，然后覆盖地膜，既可防止水分蒸发，又可防止杂草生长，及时追肥，每次每株施尿素或复合肥 50 克，全年 3～4 次，旱情严重时及时浇水，也可病虫害防控结合根外追肥，有利于新梢生长和树冠扩大。

（4）及时补苗补栽 种后发现缺株，春季萌芽前进行补栽，若补苗时期错过，可在雨季带土补栽，栽后灌水，确保成活。

三、加强地下部管理

（一）施肥

1. 梨对营养元素的需求特点 梨园所需的营养元素，共有16 种，大量元素碳、氢、氧、氮、磷、钾、钙、镁和硫，微量元素铁、铜、锰、锌、硼、钼和氯。其中碳、氢、氧来自大气中的二氧化碳和土壤中的水，其他元素则从土壤中获取，各种元素都具有不可替代的作用，并相互依赖和制约，任何一种元素不足、缺乏或过剩，都会引起梨树生长发育不良，严重时导致植株死亡。其中氮、磷、钾称为肥料三元素；钙、镁、铁、硼、锌等作用突出，较其他元素更易出现缺素症。因此必须重视营养诊断施肥，及时补充梨树所缺的营养元素，这对于梨树优质丰产具有重要作用。

（1）梨树缺素症外观症状及矫正方法

① 氮。氮的主要作用是加强营养生长，提高光合作用，增强氮的同化作用和促进蛋白质的形成。氮素不足，表现叶薄，老叶呈红色、紫色、黄色，落叶落果，果实小；氮素过多，枝叶旺长，果实着色差，糖度低，抗性差，枝干成熟度差，易受冻害。矫正的方法为多施有机肥，提高土壤肥力，补充无机速效氮肥及复合肥。

② 磷。磷的主要作用是增强细胞生活力，促进细胞成熟，增加抗寒、抗旱能力，促发新根，有利于花芽分化和提高果实品质。磷素不足，新梢及新根发育受阻，枝条萌芽率降低，叶片呈紫红色，叶缘出现半月形坏死斑，引起早期落叶，花芽分化不良，果实糖度低，抗旱、抗寒性减弱。矫正方法为补充磷素肥料，增施有机肥和无机复合肥。冬肥秋施时，每亩增施过磷酸钙15～25千克，根外追肥，结合病虫害防控喷 0.2% 磷酸二氢钾或1% 的过磷酸钙。

③ 钾。钾的主要作用是促进养分转运、果实膨大、糖类转化、组织成熟，加速生长和提高抗性。缺钾时表现果实变小，着色差，采前落果，新梢细，有枯梢现象，叶边缘呈深棕色，严重时老叶边缘出现上卷。矫正方法为增施有机肥或种绿肥压青，生育后期追施无机钾肥，每亩追肥硫酸钾 20～25 千克或氯化钾15～20千克，根外追施浓度为 1% 的硫酸钾或氯化钾或者浓度为0.2% 的磷酸二氢钾，全年 2～3 次。

④ 钙。钙的主要作用是参与细胞壁的组成，保证细胞的正常分裂，使原生质的黏性增大，提高抗性，中和新陈代谢中产生的草酸，避免发生毒害。缺钙时，新根短粗弯曲，尖端易死亡，叶片小，花朵易萎缩，果肉呈木栓化斑点或海绵状木栓化，果心发黑，果面出现黄褐色不规则凹陷斑。矫正方法：石灰性土壤缺

钙时应增施各种有机肥，提高土壤中可溶性钙的释放；在生育期前期和中期根外喷钙，每年补钙 2～3 次，施用 0.3％的氯化钙水溶液或 0.5％的硝酸钙水溶液。

⑤镁。镁是叶绿素的主要组成成分，参与部分磷的合成，促进磷的吸收与同化。缺镁时，叶小而薄，叶脉间出现黄白色斑点，严重时叶片黄化，造成落叶。矫正方法主要是增施有机肥，生长期喷施果树专用型叶面肥（天达 2116）1 000 倍液，结合病虫害防控喷施，效果明显。

⑥铁。铁与叶绿素形成有关。缺铁时，叶小而薄，叶肉呈黄绿色或黄白色，叶边缘出现棕褐色斑块，后逐渐枯死，铁在树体内不易移动，缺铁症状最先表现在新梢顶部的幼叶。土壤 pH 高，石灰质多和含磷量高的果园，易发生缺铁失绿症。矫正方法：目前国内外尚无理想的对策，一般采用施用络合铁或二价铁的化合物（如硫酸亚铁）和增施有机肥加以解决，但络合铁价格贵不易买到，生产中应用较少，最好与有机肥混合施用，每株成年树施硫酸亚铁 1～2 千克。根外喷施浓度为 0.5％～1.0％的亚铁盐，每年喷 2～3 次。

⑦硼。硼在树体内的作用是多方面的，它与细胞的分裂、细胞壁内果胶的形成以及糖类的运输有关。缺硼时，叶片厚而脆，枝条枯梢，树皮溃疡，开花不良，坐果差，发生缩果病即果表面开裂有疙瘩，果肉干硬成木栓化。土壤 pH≥7 时，硼呈不易溶性，钙质过多的土壤，硼不易被根系吸收。矫正方法：成年树缺硼时，每株施 100～150 克硼砂或硼酸，最好与有机肥混施；叶面喷硼元素从幼果期开始，每 7～10 天喷施 0.1％～0.2％的硼砂或硼酸，连续 2 次。

⑧锌。锌与光合作用、呼吸作用中吸收和释放二氧化碳过程有关；可以促进叶绿素和生长素的合成，还是酶和维生素 C 的活化剂和调节剂。缺锌时新梢变细，先端叶片变小，常呈丛生叶片，即小叶病，一般沙地、盐碱地及瘠薄的山地果园，缺锌现

象较为普遍。矫正方法：增施有机肥，提高土壤有机质含量，这是防止小叶病发生的根本措施；发病的园区，冬季修剪时剪除病株，芽前喷80～100倍硫酸锌，能防止小叶病再次发生。

(2) 梨树叶片及土壤中各种矿质营养适宜标准 各种营养元素在叶片中的含量及土壤中的含量，可以直接反映出树体的营养成分，以此作为判断梨树缺素症的依据，从而制定出合理的施肥方案，避免盲目施肥（表5-1、表5-2）。

表5-1 砂梨叶片中矿质营养的适宜标准

矿质元素	适宜标准	矿质元素	适宜标准
氮	2.2%～2.8%	铜	6～20毫克/千克
磷	0.1%～0.25%	锌	20～60毫克/千克
钾	1.3%～2.3%	铁	70～200毫克/千克
钙	1.2%～3.0%	锰	50～300毫克/千克
镁	0.25%～0.80%	硼	18～60毫克/千克

表5-2 砂梨土壤矿质营养适宜标准

土壤指标	适宜标准	土壤指标	适宜标准
有机质	10～25克/千克	有效铁	10～250毫克/千克
全氮	0.5～1.3克/千克	有效锰	7～100毫克/千克
碱解氮	60～130克/千克	有效铜	1～4毫克/千克
有效磷	10～40克/千克	有效锌	1～4毫克/千克
速效钾	65～200克/千克	有效硼	0.25～1.0毫克/千克

2. 施肥技术

(1) 基肥 提倡秋施基肥，秋施正好与秋根生长高峰和花芽分化高峰的需肥规律一致。秋季果实采收前后，梨树树体养分大量消耗，急需补肥，秋季温度适宜，有利于肥料的分解利用，有利于提高花芽分化质量并使枝芽充实健壮，从而增强抗旱、抗寒能力，使树体能够安全越冬。

秋施基肥应注意的技术要点：基肥施用应在采果后9—10月完成，最迟在春节前完成，但达不到最佳效果；以有机肥为主，应占全年施肥量70%～80%，我国梨丰产指标为每生产100千克梨果需氮、钾各0.8千克，磷0.6千克，日本砂梨为氮、钾各0.45千克，磷0.2千克，具体使用标准因品种、土质、树龄、树势而异，一般100千克梨果最少需有机肥（猪、牛粪等）100千克再混入1～2千克磷肥，有利于提高产量和质量；施肥方法多种多样，有条施、环状施、放射状施、撒施、穴施等，成龄树多采用条状沟施，树冠外围挖沟深40厘米、宽40厘米，将肥料与土拌匀施入，也可全园撒施深翻，效果更佳，幼树多采用环状沟施，应注意施肥位置和方法交替变化，使肥料与根系充分接触；有条件地区施基肥结合灌水，可充分发挥肥效。

（2）追肥

① 土壤追肥。根据梨树生长和结果情况以及不同生育期的需肥特点补充追施的肥料，一般以速效化肥为主，可分催芽肥、花后肥、膨大肥、采后肥等四种，需灵活掌握使用（表5-3）。

表5-3　追肥时期及种类

名　称	时　期	追肥量	备　注
催芽肥	萌芽前2～3周	以氮肥为主，占10%	基肥充足，肥沃梨园可以不施
花后肥	新梢停止生长，花芽分化前	复合肥占10%	基肥充足，肥沃梨园可以不施
膨大肥	果实膨大期，采梨前20～30天	复合肥加钾肥占60%～70%	重点追肥期，必须使用
采后肥	果实采收后	氮肥为主的复合肥占10%～20%	采后恢复树势，促进同化作用，防止早期落叶必须使用

② 根外追肥。根外追肥就是将肥料配成低浓度溶液喷到枝、叶和果实上，故又称为叶面喷肥。叶面喷肥方法简单，效果明显，可提高坐果率，促进幼果发育和新梢生长，提高果实品质，有效预防梨树缺素症。喷肥时间因季节变化而异，4—6月上午7～11时、下午2～5时，7—9月高温季节，上午6～10时、下午4～6时，注意喷头朝上，自上而下，必须喷叶背面以增加叶片对肥料的吸收，可与喷施农药结合进行（表5－4）。

表5－4 梨树根外追肥的目的与方法

追肥目的	追肥时期	元素种类	肥料名称	喷洒浓度	喷洒次数
提高坐果率	花前或花期	硼	硼砂	0.2%	1
			硼酸	0.3%	1
	花前或花后	氮	尿素	0.3%	1
促进幼果和新梢生长	花后30天	多种元素	果树专用型叶面肥（天达2116）	1 000倍液	1
		氮、磷	磷酸铵	0.5%	1
促进果实膨大、提高果实品质	采果前30～40天内	磷、钾	磷酸二氢钾	0.3%	2～3
		钾	硫酸钾、氯化钾	0.3%	1～2
		多种元素	果树专用型叶面肥（天达2116）	1 000倍液	2

(3) 肥料使用注意事项

① 以有机肥为主、无机肥为辅为原则，特别是秋施基肥必须以有机肥为主，为梨树优质丰产打下基础，目前砂梨产区一味偏重秋施化肥，长期施用造成土壤板结、污染，梨品质下降、味淡、肉粗。

② 有机肥是完全肥料，除氮、磷、钾外，还含有各种微量元素，来源十分广泛，如植物秸秆、畜禽粪便等，但需注意存在含

重金属的农药、抗生素、多氯联苯等有机污染物的污泥、城镇垃圾及工业垃圾不能施用在梨园中，而且有机肥必须腐熟后使用。

③ 使用无机肥，不能一味追施氮肥，特别梨树中后期施肥应掌握控氮增施磷、钾肥，改用多元素复合肥或果树专用肥，有针对性地不断补充各营养元素的亏缺和保持各营养元素间的平衡。

④ 逐步做到科学施肥和经济有效施肥，改变多年来一直沿用的盲目施肥和凭经验施肥的状况，逐步通过营养诊断、土壤分析、叶分析确定施肥量，合理搭配施肥比例。

⑤ 提倡使用微生物肥料，用微生物菌种生产活性微生物剂，这种肥料无毒、无害、无污染，可以有效提高土壤营养供应水平，改善产品品质，是生产绿色食品的理想肥源，也是目前大力推广的肥料，日本、韩国以及我国台湾地区已普遍应用。

（二）土壤管理

1. **清耕法** 成龄梨园不间作任何作物，任杂草生长，定期（9—10 月）进行深翻松土，也可利用机械割草。深翻深度 35～40 厘米，结合秋施基肥，也可采取隔一行翻一行逐年轮翻的措施，每次翻动主干周围 1/3 左右，对树体影响较小。机械割草 3～4 次，保水保肥防干旱效果很好。不用除草剂，以免土壤污染，破坏土壤团粒结构。

2. **生草法** 这是国外广泛应用的管理方式，特别是行间距或株间距较大的梨园种植禾本科或豆类植物，如三叶草、紫云英、豌豆等，最好梨果采完后的 9 月播种，三叶草、紫云英等每亩需种量为 1～1.5 千克。加强管理，使生草尽快覆盖地面，草高 20～30 厘米时割草，每年机械割草 4～5 次能显著增加土壤有机质、提高土壤肥力、增加土壤矿质营养成分、减少缺素症发生、减少果园施肥次数和减轻繁重的中耕除草压力。但需注意增施氮肥，增加灌水次数，生草 5 年左右，必须休闲 1～2 年再重新种植，否则会影响土壤通气性和透水性，引起果树根系上翻遭翻遭受干旱和严寒的危害。

3. **间作法**　幼龄梨园行间距大，充分利用土地和光照，可增加早期经济效益。适宜间作的作物有西瓜、甜瓜、花生、白菜、草莓等低秆作物，勿种植高秆作物。梨园行间必须留出清耕带，第一年留宽 1 米，第二年、第三年留 1.5 米，不能影响梨树生长发育。对于间作物要及时施肥、合理灌溉和防控病虫害，注意轮作。间作收获后，秸秆可作为覆盖物使用，或在深翻时埋入土中，增加土壤肥力。

4. **循环农业，以园养园**　不仅可以增加土壤肥力，而且明显提高经济效益。江苏省苏州东之田木生态梨园养香猪和放养鸡，通过建立沼气池充分保证了梨园所需的有机肥，而梨园间作物及生草用作香猪饲料，所生产的翠冠梨大而脆甜，香猪供不应求，深受消费者欢迎，实现了果畜双丰收。

（三）灌水与排水

1. **合理灌水**　梨树具有较强的抗旱能力，又是需水量较多的树种，通常每生产 1 克干物质，需消耗 400 克水，以每亩梨园生产 2 000 千克的果实计算，梨果含水量 90%，其果实干物质 200 千克，而枝、叶、根的干物质为果实的 3 倍，即 600 千克，那么枝、叶、根、果总共干物质为 800 千克，需水量达 320 吨。

我国广大地区降水量分布不均匀，如北方呈现春旱、夏燥、秋涝、冬干的现象，年降水量仅 300~500 毫米，南方年降水量高达 1 000 毫米以上，而梨树最佳降水量为 600~800 毫米，因此根据梨树的需水规律及气候条件，结合不同物候期，适时灌溉至关重要。

（1）灌水时期

① 花前水。中西部地区，冬春干旱多风，花前及时灌水可促进根系生长和新梢生长，为丰产打下基础，时间在 3 月中下旬，南方地区灌水较少，个别干旱地区需进行灌水。

② 花后水。新梢旺长和幼果发育同时进行，此时期为需水

临界期，如水分不足，会引起幼果脱落并影响根系的吸收功能、延缓梨树生长，时间在花后 15～20 天生理落果前，约在 4 月下旬。中晚熟品种应考虑灌水。

③ 果实膨大水。6—7 月正是果实膨大和花芽分化期，也是梨树需水量最大时期，应加强此时期的灌水。

④ 采后及封冻前灌水。采后补水十分重要，可促进树势恢复，延缓落叶，有利于肥料分解利用，为来年果树生长发育打下良好的基础。

（2）灌水方法　常用的简单方法为凭经验来判断是否灌水。沙壤土及壤土用手紧捏成团，松手土团未分散，说明不必灌水，若松手土散开，则需灌水；黏土手捏成团，挤压有裂缝出现，需灌水。有条件地区可用土壤水分张力计测定，准确度更高。

在目前经济条件下，多采用沟灌和漫灌。沟灌不会破坏土壤结构，用水量少，便于机械化操作，南方地区用此方法较多，漫灌在水源充足的地方可用，节约劳力，但土壤易板结，肥料易流失，在北方有应用，南方一带应用较少。有条件的地区，可采用滴灌和喷灌，效果更好，既能节约用水又能节约劳力。

及时适量适法灌水是梨树稳产优质重要栽培措施，应根据土壤水分状况和树体需水状况及时灌水，同时还需考虑当地环境条件确定灌水方法。

2. 及时排水　梨树比桃树耐涝，但淹水也会造成缺氧并产生有毒物质，引起烂根和早期落叶，严重时全株死亡，故梨园排水也十分重要。

排水系统应根据当地气候条件、梨园的立地条件和种植密度来设置，尤其是南方地区，梅雨季节雨水集中，更应加强排水。地下水位高的梨园，每行必须有排水沟，四周应设宽行深沟，四面开通，排出地下水；地下水位低的地区，可以两行连一排水沟，四周也应开沟排水。低洼地建园，必须深沟高畦，筑高种植带。山地梨园应在附近地势低易积水的地方修筑蓄水池或蓄水窖，排灌结合水分调控。

四、地上部管理

（一）整形修剪

1. **梨树特征与整形修剪的关系**　整形修剪是梨树生产管理中重要的技术措施，合理的整形修剪使梨树形成牢固的骨架，各类枝条布局合理，树冠通风透光，从而达到促进花芽形成、协调生长与结果、稳产优质的目的，要达到这一目标，必须了解梨树的特征特性，才能有的放矢地进行整形修剪。

（1）树体与寿命　长江以南以栽培砂梨品种为主，主要是日本梨以及育成的新品种，树体矮小，经济寿命短，一般为30～40年，适合密植，在整形修剪时只要配备好骨干枝，大、中型结果枝均匀、合理负担即可。

（2）干性和层性　梨树的极性强，枝条开张角度小，具有明显的中心主干。尤其是幼树直立生长，往往发生上强下弱现象，所以幼树整形时要拉枝，使基部角度开张，多留枝，中心主干转主换头，弯曲上升，促使基部骨干枝生长。正因为梨的干性强，可以培养成有中心主干的各种树形，如疏散分层形、倒伞形、纺锤形等。由于梨枝条上顶芽及附近数芽能抽生强枝，其下则为中、短枝，这样可以因势利导地培养有中心主干、有层次的树形，同时可利用这些强枝缓放不剪，也容易在其上形成花芽及中、短果枝。

（3）萌芽力和成枝力　①梨的萌芽力较强，成枝力较弱，适于南方地区种植的砂梨品种，在幼树整形上选用骨干枝较困难，在整形上除了要注意选好剪口芽，还要利用刻伤等各种修剪措施，使其多发长枝，为早结果、早丰产打下基础。②由于成枝力弱，很容易形成单枝向上延伸和下部缺少大、中型枝组的现象，造成结果部位迅速上移或外移，因此枝条长到一定程度时或连续单枝向前延伸数年（3～4年）时，应及时回缩更新，促发新枝或选用新枝代替老枝作为结果枝组。③随着树龄增长，成枝力下降，而萌芽力增强，短枝容易形成，因此，在幼龄阶段成枝力较强时应尽快培养好骨干枝，扩大树冠，为丰产打下基础。由于萌芽力强，基部瘦小的芽不萌发而形成潜伏芽，这种芽寿命长，遇到大枝回缩、更新或劈裂折断等刺激后就能抽生萌发成新枝，故可以利用这一特点进行老树更新或大树移栽，这也是梨寿命长的一个原因。

（4）**枝条硬度和脆度**　梨枝条多直立、角度小、硬度大，冬季修剪如果采用硬性撑、拉、顶、吊，枝条很容易劈裂而影响整形工作。通常幼树枝条硬度小，因此只有生长期6—9月调整骨干枝的角度方位最适宜。枝条脆度因树龄而异，枝龄越小，脆度越大，所以，一年生枝和二年生枝多用弯枝、拿枝来改变枝条角度而不用扭枝。

2. 常用的树形

（1）**小冠疏散分层形**　小冠疏散分层形是目前梨树生产上常用的树形，由过去的疏散分层形演变而来，多用于中度密植园，株距3～4米，行距4～5米，每亩为34～56株。主干高40～60厘米，第一层主枝3个，层内距30厘米，开张角度70°～80°，第二层主枝2个，层内距20厘米，开张角度70°，第三层1个，第一层和第二层间距80厘米左右，第二层和第三层间距60厘米左右，主枝上不配备侧枝，直接着生大、中、小型结果枝组。全树高3米左右，冠径3～3.5米（图5-2）。

（2）**自由纺锤形**　自由纺锤形是目前在苹果、梨、桃等果树上广泛应用的树形，多用于密植园，株距2.5～3米，行距3～5米，每亩栽44～90株，主干高40～50厘米，主枝8～10个，向四周交错延伸，主枝间距离20～25厘米，分枝角度70°～80°，下层主枝长1～2米，向上依次递减，在主枝上直接培养中、小型结果枝组，树高3米左右（图5-3）。

（3）无心棵：株距为 1.0～1.5 米，行距为 2.5～3.0 米，行向南北
向。主干高 45～60 厘米，适当短截中央领导干，分枝时有 4～5 个大枝均匀
自然下垂。30～45 厘米以上，同方向、同方位的上下枝间距 10 厘米左右，
成龄后……

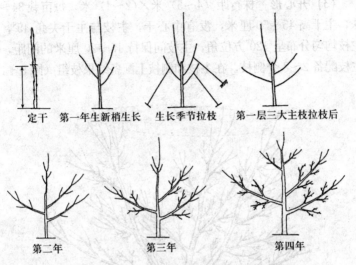

定干　　　第一年生新梢生长　　　生长季节拉枝　　　第一层三大主枝拉枝后

第二年　　　　　　　　第三年　　　　　　　　第四年

图 5-2　小冠疏散分层形的整形过程

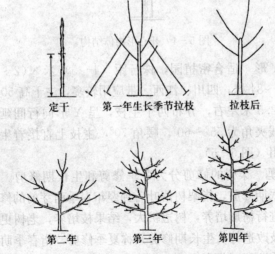

定干　　　第一年生长季节拉枝　　　拉枝后

第二年　　　第三年　　　第四年

图 5-3　自由纺锤形的整形过程

（3）开心形 株行距（4～5）米×（2～4）米，每亩栽34～84株，主干高45～50厘米，没有中心干，主枝与主干夹角45°，三主枝均匀分布呈120°方位角，主枝间保持15～20厘米的间距，各主枝配备2～3个侧枝，在主枝和侧枝上配备结果枝组（图5-4）。

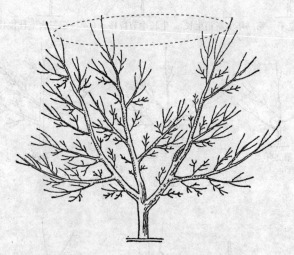

图5-4　开心形树体结构

（4）Y形 适合密植园，株行距（4～5）米×（2～3）米，每亩栽45～84株，四川、江西一带应用较多，主干高50～60厘米，树高2.5米左右，分布两个主枝，呈Y形向行间延伸，主枝与中心线夹角为55°～60°，腰角70°，主枝上直接着生中、小型结果枝组（图5-5）。

3. **修剪** 梨树的修剪分为冬季修剪和生长期修剪。冬季修剪又称休眠期修剪，指梨树落叶后到翌年春季萌芽前的修剪。此时期适合进行树形培养，树冠扩大，结果枝培养，老树更新复壮以及辅养枝改造等。生长期修剪又称夏季修剪，指春季萌芽后到秋季落叶前这段时期的修剪，生长期修剪是冬季修剪的辅助措施，越来越引起人们的重视。

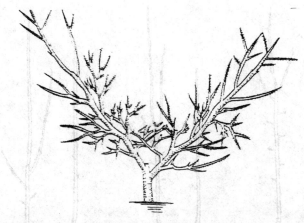

图 5-5　Y 形树体结构示意图

根据物候期的变化又分为以下几个时期。

一是春季修剪。春季修剪指萌芽后到开花前这一时期的修剪活动，可以调节花量以及补充冬季修剪不足，但不宜修剪过重。

二是夏季修剪。夏季修剪指开花后到营养枝停止生长这一时期的修剪活动，主要是剪梢、疏枝、摘心、抹芽、拿枝、开张角度等。

三是秋季修剪。秋季修剪指新梢停梢到采果前这一时期的修剪活动，主要是疏去徒长枝，改善内部光照条件。此时期枝条较软，是幼树开张角度、拉枝的最好时期。

重点将冬季修剪和生长期修剪的主要方法做简要介绍。

(1) 冬季修剪

① 短截。短截也叫短剪，即剪去枝条的一部分。促使剪口下部发枝量增加，长势旺。短截又分轻短截、中短截、重短截、极重短截几种程度（图 5-6）。

轻短截：减去一年生枝长 1/5～1/4，当年形成花芽，翌年挂果。

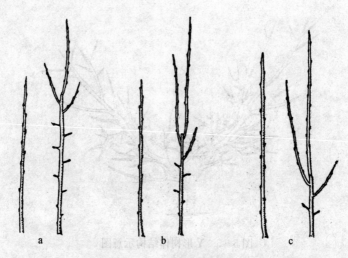

图5-6　梨枝梢短截

a. 梨枝梢轻短截　b. 梨枝梢中短截　c. 梨枝梢重短截

中短截：减去一年生枝长 1/3～1/2，用于骨干枝和结果枝的培养。

重短截：减去一年生枝长 1/3～3/4，用于培养结果枝组和缩短枝轴。

极重短截：在一年生枝基部，留 1～3 个瘪芽短剪，也叫抬剪，因剪口留的是瘪芽，发出新枝弱，是以大换小、以强换弱的修剪方法，目的是培养紧凑的小枝组，补空缺，防止骨干枝发生日灼（图5-7）。

②回缩。回缩又称缩剪，就是对多年生枝进行短剪。主要用于控制树冠和辅养枝、骨干枝和老树更新复壮，改善树体的通风透光条件，

图5-7　梨枝梢极重短截

具有抑前促后、控上促下的作用。缩剪的方法多种多样（图5-8至图5-13）。

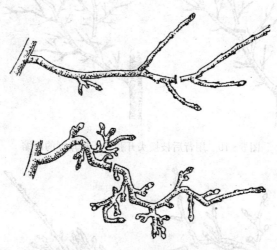

图5-8　下垂枝组的回缩

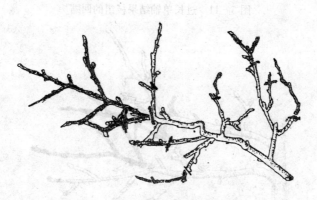

图5-9　多年生大型枝组的回缩

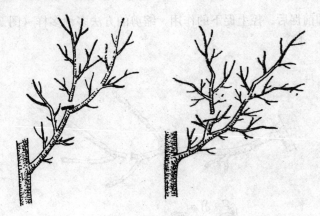

图 5-10　用背后枝换头开张骨干枝角度的回缩

图 5-11　过长单轴结果枝组的回缩

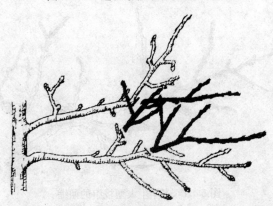

图 5-12　并生密生枝的回缩

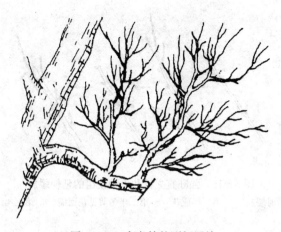

图 5 - 13 衰老枝的更新回缩

③ 疏剪。疏剪又叫疏枝，指将一年生枝或多年生枝从基部疏去。主要作用是减少枝量，疏除直立枝、过密枝、细弱枝、病虫枝、竞争枝、枯枝，从而改善树体内通风透光条件，减少养分消耗，恢复树势和保持良好的树形（图 5 - 14）。

疏竞争枝、过密枝　　　　疏背上枝　　　　　疏重叠枝

图 5 - 14 疏　枝

④ 长放。长放又叫缓放、甩放，指对枝条不进行剪截，任其自然生长。对长、中、短枝长放后，不但萌芽力提高，而且容易形成花芽。第一年长放结果后，第二年应回缩更新，第三年成花结果。在幼树和初结果的树应用较多，成年树延长头，常采用长放削弱顶端优势（图 5 - 15、图 5 - 16）。

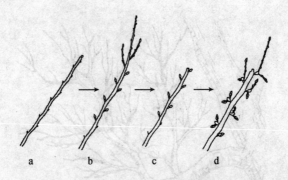

图 5-15　强旺直立枝和单轴枝组的延伸缓放

a. 冬剪时缓放　b. 第二年成花　c. 第二年冬剪见花回缩　d. 第三年结果后

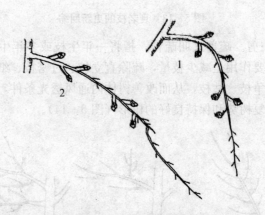

图 5-16　缓放修剪表现

1. 强旺直立枝结合变向再缓放　2. 单轴延伸枝组的缓放

（2）夏季修剪

① 刻伤。刻伤又叫目伤或段刻，是指在芽、枝的上方或下方用刀横切皮层不伤到木质部。一年生苗萌芽前在剪口下第二、第三、第四芽刻伤可促发新枝，当年培养成形，效果明显，成龄树在缺枝部位于萌芽前刻伤可促进萌发新枝。长放旺枝每隔10～15厘米在芽上方刻伤，可促进短枝和花芽形成（图 5-17）。

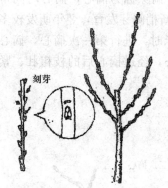

定干时对上部第三、第四、第五芽刻伤　　　主枝延长枝对第三、第四芽刻伤

图5-17　刻　伤

② 抹芽。将生长在背上枝、过密枝、竞争枝、剪口枝上不恰当的芽，在萌芽后及时抹除称为抹芽，也称为除萌。主要目的是节省养分，改善光照条件，提高有效枝的质量（图5-18）。

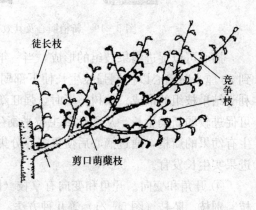

定干后抹去整形　　　　抹去骨干枝延长头的竞争枝、
带以下的萌芽　　　　　剪口附近萌蘖枝、背上徒长枝

图5-18　抹　芽

③ 摘心。将新梢顶端幼嫩部分摘除称为摘心，摘心时间可根据摘心目的而定，摘心可以促进新梢侧芽发育，翌年萌发较多的中短枝。当新梢长度20～25厘米时，进行第一次摘心，摘心后发出新梢，长到10厘米时再摘心，经过摘心后的枝粗壮、紧凑、芽饱满（图5-19）。

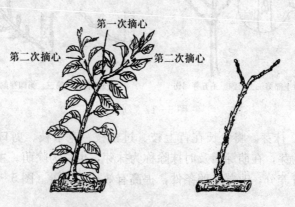

图5-19 新梢摘心及其效果

摘心可以促进结果枝组的形成，当一年生枝上部萌发强枝长到20厘米时摘心以控制强枝生长使下部弱枝得到充足养分，有利于结果枝组的形成。幼树整形时，强旺新梢长到一定长度摘心可促进较弱新梢生长，从而达到主枝平衡生长，效果十分明显。生有幼果的新梢，通过摘心后使更多养分集中在果实上，可以促进实生长发育。

④ 开角和变向。开角和变向有拿枝（图5-20）、拉枝、撑枝、别枝、坠枝（图5-21）等几种方法。

拿枝：7—8月已木质化时，用手握住枝条，从基部慢慢向上开始弯折，听到细小断裂声，但不折断枝条，每隔5厘米弯折一下，连续几次，就可形成所需的水平枝、斜生枝，从而改变枝条的姿势，缓和顶端优势，促进花芽形成。

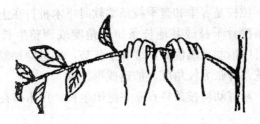

图 5-20　拿　枝

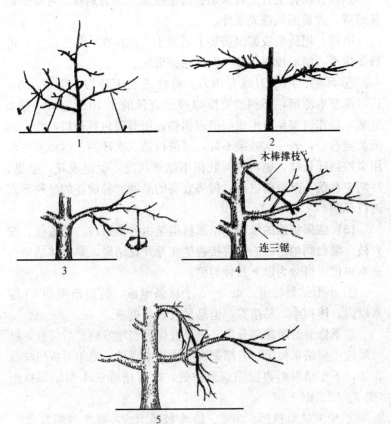

木棒撑枝

连三锯

图 5-21　开张角度

1. 拉枝　2. w 形开角器开角　3. 石块坠枝　4. 连三锯撑枝　5. 别枝

拉枝：拉枝是春季和夏季枝条柔软时将木桩打在土中，用粗绳子或布条将骨干枝或其他枝条拉开角度或调整生长方位的技术。拉枝可以削弱顶端优势，缓和生长势，促进侧芽发育，有利于提早成花，开张大枝角度，加速成形。

撑枝：新栽幼树枝条易直立并抱团生长，用木棒在枝条基部将其撑开。

别枝：将背上直立枝卡别在其他枝条上称为别枝，可促使花芽形成，改善通风透光条件。

坠枝：用砖头或编织袋装上适量土，挑挂在一年生枝上，将枝条拉平，削弱顶端优势，促进花芽形成。

⑤ 环割。用小刀或专用刀，将枝或主干环切一周或一半，切口深至木质部，环割的宽度以枝干直径的1/10为宜，一般5毫米，操作时避免对形成层造成损伤，用薄膜包扎伤口，20～30天就能愈合，若一次效果不好，可进行第二次环割。这种方法常用来控制徒长枝，也可改善旺树不结果状况，促进成花、坐果。环割应在落花落果前进行。树势衰弱的品种、易成花的品种不宜进行环割。

(3) 结果枝组的修剪 结果枝组是由各类果枝、预备枝、发育枝、果台副梢组成的，直接着生花芽开花结果，是树体结果的基本单位，可分为以下几种类型。

① 小型结果枝组。由2～5个枝条组成，枝组范围在30厘米以内，体积小，易培养，但易早衰，难更新。

冬季修剪时短截部分中、短果枝促进当年发枝然后缓放，就可形成小型结果枝组。若结果少可缓放中庸枝，当年形成短枝或花芽，下年结果后再回缩到分枝处，也可培养成小型结果枝组（图5-22、图5-23）。

② 中型结果枝组。由5～15个枝条组成，枝组范围为30～60厘米，有效结果枝多，可以轮换结果更新，寿命长。

在各主枝中部选健壮的平斜枝。初结果期树势旺盛时可用先

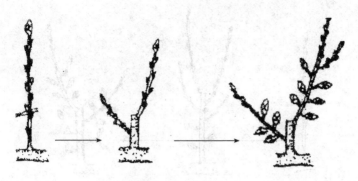

图 5-22　截放法

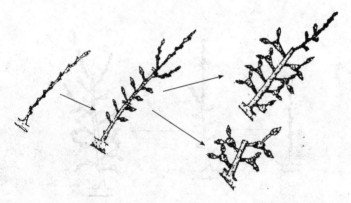

图 5-23　放缩法

放后截的方法，使其先结果树树势稳定后再培养。结果多的树，应采用先截后放的方法，再逐步培养（图 5-24、图 5-25）。

③ 大型结果枝组。由 15 个以上枝条组成，枝组范围大于 60 厘米。体积大，能有效控制冠内空间，扩大结果范围，寿命长，可以轮换更新复壮。多用于稀植园及疏层形上。

培育此种组合要求母枝生长势足够旺盛，即冬季修剪时，剪口附近能发出两个以上的分枝，连续重短截 2～3 年促发分枝，

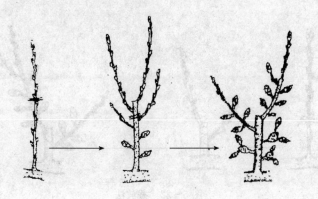

图 5 - 24　放截法

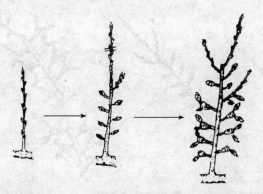

图 5 - 25　截缩法

然后缓放少截，成花结果后，既达到占领空间的目的又达到大型结果枝培养的目的（图 5 - 26）。

④ 单轴枝组。单轴枝组是由枝条连续缓放或轻短截形成的一串中短果枝和短果枝群。单轴枝组细长，占用空间小，又能延伸较远，易于培养，进入结果期早（图 5 - 27）。

⑤ 短果枝群的修剪。有的梨品种进入盛果期时，短果枝群成为主要结果部位，修剪时必须细致疏剪或回缩，既要防止分枝

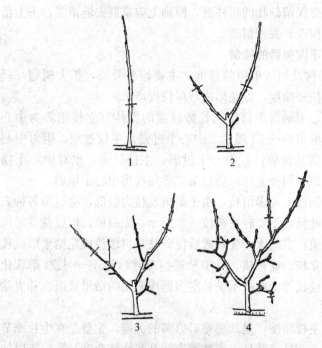

图5-26 大型结果枝组的培育
1. 第一年的修剪方法 2. 第二年的修剪方法
3. 第三年的修剪方法 4. 第四年的修剪方法

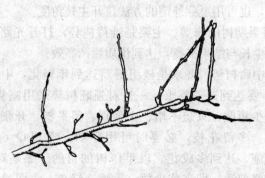

图5-27 单轴枝组

过密，又要保留健壮的短枝群，原则上应掌握去弱留强、去上留斜、去远留近、去密留疏。

（4）不同树龄的修剪

① 幼树及初结果树的修剪。主要培养骨架，扩大树冠，轻剪长放，拉开角度，促花形成，尽快投产。

有中心干的树形每年选长势较强的保持直立枝培养为中心干，冬季剪留 60～70 厘米。中心干过强，主枝过细，则对中心干换头减弱其优势；若中心干过弱，主枝过强，也对中心干换头，将剪口下弱枝去掉，剪口第二芽强枝当中心干培养。

主、侧枝上要多留枝，由于梨树发枝力较低，应运用各种方法增加枝叶量，不要轻易疏枝。空间小，先缓放，形成花芽后再回缩成枝组；空间大，先短截后促分枝，再缓放成花结果形成枝组。对直立枝、徒长枝、竞争枝适当疏除，到 5—6 月枝条软化时，通过拉枝等变向技术缺补空当形成有用的结果枝组，并去除多余枝。

开张主枝角度，是幼树整形修剪的关键，主要是在生长季节采用拉枝、拿枝、坠枝、别枝等方法开张嫩枝角度，第一年以加强生长为主，第二、三年则需开张角度达 60°～70°，若大枝变粗变硬，为防止劈裂可在大枝基部背后连锯三次，再行撑、拉，将角度拉开，也可用里芽外蹲的方法拉开主枝角度。

② 盛果期树的修剪。主要是维持树势，打开光路，更新枝组，保持生长与结果平衡，达到优质稳产高效。

维持中庸树势：要求是枝组更新达到年轻化，中、小枝组达 90%。要达到这一要求，一是对强旺树势采用减势修剪法，多缓放、少短截、只疏不堵、去强直、留平斜、开张角度，用弱枝带头，多留花枝，必要时可用环剥、喷 PBO（果树促控剂）等措施，达到多成花、以果压树的目的。二是对弱树势，采用助势修剪法，即多截少放，重缩、轻疏，去弱留强，改造徒长枝为结果枝组，抬高角度、强枝带头、减少花量，使弱枝成为中等树势。三是对中等稳定的树势，采用等量修剪法，掌握当年剪掉的枝量与下年新生枝量相等，不动和少动大枝，保持合理的结果量。

开天窗，打开光路：盛果期由于树冠扩展及顶端优势的影响，容易出现上强下弱、外强内弱、前强后弱的现象，引起成枝干枯，主枝中、下部光秃，内空外旺，造成结果部位外移、上移。必须采取有效措施，缓解这些现象。一是稳住上头，及时对中心干开心落头，疏除上部大枝、强枝、抑制上头。二是稳住外头，疏除外围大枝、强枝，回缩更新，防止枝条外移。三是稳住前头，疏除主枝前部背上多年生大枝组，打开光路，另外影响骨干枝空间的层间和大枝间的辅养枝也要及时去除，打开光路，使上下、内外、前后通风透光。

枝组更新，保持年轻优势：枝组是结果的基础，应灵活掌握枝组修剪。一是采取近伸远缩的修剪，对连年缓放、结果多年变弱的枝组应逐步回缩更新复壮，如果没有好的空间，即将这种枝组疏除。二是选优去劣、去弱留强，前期压别在枝下的枝组，可回缩到抬头有分枝处，若无空间就疏除。结果多年的背上大枝组，要回缩成中型枝组；中小型过密枝组，适当疏剪，选优去劣；对并生枝组要打开层间或选优去劣。三是枝组内部保持截 1/3、缩 1/3、放 1/3，使结果枝、成花枝、发育枝保持三三制的比例，达到生长与结果平衡，没有大小年现象。

③衰老树的修剪。梨树结果到后期进入衰老阶段，内膛易光秃，外围结果产量下降、品质差，必须及时更新复壮，充实内膛，增强结果能力。一是骨干枝更新，将骨干枝回缩到强壮分枝处，充分利用徒长枝和背上直立枝培养骨干枝。二是枝组回缩，采用先放后缩或先截后放的方法，更新老枝组，使徒长枝或强旺枝逐步更新为有效的枝组，同时加强角度开张，尽快形成新的骨干和新的树冠，提高产量和质量。

（二）花果管理

1. 授粉技术

（1）人工授粉　梨树绝大部分品种自花不实，单一品种种植，坐果率极低，因此必须配备花期基本相近的两个品种种植，才能提高坐果率。而通过人工辅助授粉不仅可有效提高坐果率达到丰产稳产，而且能促进果实增大，使所结果实果形端正。

①花粉采集。授粉之前需采集花粉，采集含苞待放或花药未变色将开放时的花。用量少可用废牙刷将花药刷下；用量大，可用电动鼓风机提取花药，简单易行、经济实惠、效率高。有条件的也可用专门的采粉机采集花药，效率更高。

清除花瓣及花丝，将花药平摊在纸上或盘中，用红外线灯或普通的 40 瓦灯泡烘花粉，必须将温度控制在 22～25 ℃待花药开裂，约经过 1 天米黄色花粉散出，用硫酸纸或薄纸包好，置于洗净的瓶内，花粉不能受潮，需放入干燥剂密封，置于常温冰箱内保存备用，边制作花粉边授粉效果最佳。用量大也可以用空调房或暖房、烘箱烘取花粉，但必须控制好温度，随时翻动花药，约 1 天时间米黄色花粉散出，备用。

②授粉时间。1 千克鲜花（4 000～5 000 朵）可提取纯花粉 10 克，粗花粉（带药壳）270 克，可供 20 亩梨园授粉使用，为节省花粉，可加入 1～4 倍的石松子、淀粉、滑石粉。当有 20% 的花开花时就应进行授粉，开花 5～6 天内必须完成授粉，最好是 3～4 天内完成，上午露水干时就可开始授粉，下午 5 时结束，气温低于 10 ℃授粉效果差，15～20 ℃为适宜授粉温度，全园建议授粉两次以上。

③授粉方法。面积小的梨园可用橡皮头、棉签等授粉，最好 7～8 厘米长 14 号铅丝，一端套入 1～1.5 厘米气门橡皮，将花粉盛入小瓶中，一次沾满花粉，可授 8～10 朵。面积大的梨园可用授粉枪或喷粉器授粉，也可将花粉配制成花粉液，制作方

法为 500 克水放 1 克纯花粉、0.5 克硼砂、25 克蔗糖，配好液体可用喷雾器于盛花期喷施，现配现用不能过夜，最好在 2 小时内完成。

点授花朵数量多时，每 20 厘米点授基部花序 2～3 朵，花量少时，每花序都需点授 2～3 朵。

(2) 放蜂授粉　人力不足情况下，花期放蜂，可明显提高坐果率。中华蜜蜂 6 ℃时就外出活动，意大利蜂须在 15 ℃以上才开始活动，一般每 10 亩梨园放置 2～3 箱蜂。梨花含糖量低，不易招引蜜蜂，可采取诱训法诱导蜜蜂。采集 30～50 克鲜梨花，浸于 250 毫升水加 100 克蔗糖的糖液中浸 4～6 小时，制成梨花糖液，晚上喂一次翌日早晨蜜蜂出巢前喂一次直到花期结束，放蜂前禁喷农药。

(3) 其他措施　将插入授粉品种枝条的水罐挂于梨树上，辅助授粉；也可在梨树上高接授粉树，效果显著；此外花期喷 0.2% 硼酸或硼砂也能提高坐果率。

2. 三疏技术　所谓三疏就是正确掌握疏花芽、疏花蕾和疏果的时期和方法技术。

(1) 疏花芽　疏花芽指冬季修剪时疏除过多的花芽，砂梨系统幼树以长果枝结果，进入盛果期以短果枝结果为主，根据树势、花芽形成多少考虑，疏花芽应以回缩为主，尽量使结果部位靠近骨干枝。冬季疏花芽应按比例，当年花芽形成多时，可疏除全树花芽的一半，生产实践中骨干枝上以每 15～20 厘米留 1～2 个花芽为宜，疏花芽注意保留叶芽。

(2) 疏花蕾　若疏花芽作业未进行或遗漏则可在开花前疏花蕾进行补救，一般每 20 厘米留一个花蕾，疏除时应掌握疏弱留强、疏小留大、疏密留稀、疏腋花芽留顶花芽、疏下留上的原则，以达到以果控树冠上部生长的目的。同时疏除萌动过迟的花蕾，花序伸出后要及时疏除副花序保留正花序。疏花蕾也可在人工授粉前进行，疏除的花蕾可用于授粉，疏除多少花蕾，要根据树势、花量、当地气象情况来决定。

（3）**疏果** 花谢后 10～15 天就应进行疏果，分三次进行，第一次大小果分明时疏除病果、畸形果、密生果、无叶果及受精不良的幼果；第二次定果，每花序留 1～2 只果，大果型 25 厘米留一果，中果型 20 厘米留一果，使叶果比保持（20～30）：1；第三次检查有无遗漏。疏果时应选留第 2～4 序位的果为宜，第 1 花序果果柄短、果形扁、糖度高，第 5～7 花序果成熟晚、糖度低。疏果要做到看树留果，强壮树、健壮枝多留，反之少留，疏弱留强、疏小留大、疏密留稀，疏上下留两侧。疏果顺序应先疏上部、内部，后疏外围、下部。翠冠梨要达到绿皮需进行两次套袋，则宜早疏果，花谢后 10 天就疏果，20 天完成疏果作业。

3. **套袋技术** 通过套袋，果面颜色美观、果点变小、色浅，可防止果锈、裂果发生和减轻果实病虫害和农药污染的危害。据测定套袋果农药残留量仅 0.045 毫克/千克，不套袋果为 0.23 毫克/千克，套袋后烂果率明显降低，果实的储藏期和货架寿命延长，但套袋后可溶性固形物比不套袋降低 1% 左右，风味不及不套袋果，因此需加强综合管理减少套袋的不利因素，控氮肥增磷、钾肥，多施饼肥及微生物菌肥对改进品质有明显作用。近年来一些产区又开始推行不套袋，这是因为不套袋果糖度高，品质好，受到消费者青睐，但必须加强病虫害防控和肥水条件管理。

（1）**纸袋的选用** 目前纸袋品种繁多，为了提高经济效益必须选择适宜的纸袋，基本要求是：经风吹日晒雨淋后不会变色、脱蜡、破损，具有通气性和透光性，纸袋质量必须具有保证。纸袋破损，达不到套袋目的，还会导致黄粉蚜、黑斑病的发生。一般褐皮梨（玉冠、清香）应套外黄内黑双层袋，果面呈褐黄色；绿皮梨（翠冠、翠玉）应套外黄内黄双层袋，为使翠冠梨果面更为美观，先套小白袋再套外黄内白的双层袋，果面光滑、浅绿色。近年来许多栽培者开始采用单层袋套袋，翠冠梨套单层米黄色袋，果面与不套袋颜色相近，单层袋透光性、通气性好，糖度与不套袋相近，还可防控病虫害。

（2）套袋方法 套袋前，为防止病虫侵入果实，必须喷杀虫剂、杀菌剂1～2次，由于梨果易生果锈，需使用水剂、粉剂农药，忌喷乳油，通常可喷70％甲基硫菌灵可湿性粉剂800～1 000倍液加10％吡虫啉可湿性粉剂2 000倍液。梨园套袋按片进行，便于安排喷药防病虫害，遇雨天需补喷农药再套袋。

落花后20～45天必须完成套袋，尤其是青皮梨当大小果分明疏果作业完成后就应着手套袋，套袋过晚，果点变大色泽达不到预期要求。要先套青皮梨，再套褐皮梨。

套袋时先撑开袋口，将袋口从两边向中部果柄处挤褶，将袋口铅丝反转90°，弯绕扎紧在果柄上，但遇大风容易发生落袋现象，所以最好选用小型订书机钉扎袋口，可防止纸袋被吹落。纸袋要扎在果柄上，这样采收时可将果实纸袋一并采下，不要扎在果枝上，否则采收不便。

（三）病虫害防控

1. 正确防控病虫害应注意的事项

① 病虫害防控必须坚持预防为主、综合防控的原则，综合防控包括农业防控、生物防控、物理防控和化学防控，这四种方法相互配合、综合运用，才能达到最终经济、安全、有效地控制病虫害的目的。

② 每年萌芽前必须喷5波美度石硫合剂，铲除越冬病菌、虫源。病虫害严重地区，最好春节前喷一次，春节后再喷一次，效果更佳。

③ 搞好梨园卫生，深翻改土，彻底清园，清除园内落叶、落果、僵果、枯枝等，并将其集中深埋或烧毁。冬季修剪后，将园内修剪下来的枝条包括病虫枯枝带出园外集中烧毁，以减少病虫源头。刮除枝干、枝杈处的老翘皮，在主干上涂白，以防止冻害和减少腐烂病、轮纹病的发生。涂白剂配方是生石灰5千克，

硫黄粉 250 克，食盐 100 克，动物油 100 克，加适量水调成糊状。

④ 利用害虫的趋光性、假死性等特征诱杀害虫，这是防控害虫的有效措施，果园内设置频振式杀虫灯，每 20 亩设置一个，利用害虫趋光性可有效防控鳞翅目害虫（如吸果夜蛾、刺蛾等蛾类）、金龟子等；采用糖醋液（红糖 0.5 千克、醋 1 千克、水 10 千克、白酒 0.2 千克）诱杀梨小食心虫等害虫，成虫发生期用梨水性诱剂诱杀成虫，每 50 株挂一诱捕器，7 月中旬挂在梨园中，效果明显；利用害虫假死性，清晨或傍晚摇动树干将其捕杀，利用害虫（如二斑叶螨、梨小食心虫、梨星毛虫）在树皮裂缝中越冬的习性，在树上绑束草、废报纸、破布等诱集害虫越冬，翌年害虫出垫前集中消灭。

⑤ 化学防控仍是目前主要的防控方法之一，严格按照说明书规定用药，随意加大使用剂量、多种农药复配易引起药害。

⑥ 尽量使用生物源农药、矿物源农药，有限度使用中毒农药，禁止使用剧毒农药、高毒农药和高残留农药。允许使用的农药也要按规定控制使用次数和用量以减少农药残留，尽量避免在天敌高峰期使用广谱性农药。

⑦ 农药交替使用，避免重复使用相同或同类型农药，以防止抗药性产生。一般农药不能与碱性物质如波尔多液、石硫合剂等混用，否则易产生药害。

⑧ 喷药前必须掌握气象信息，于晴天喷药。高温季节喷药时间应缩短，上午 6～10 时和下午 4～6 时为宜，避开高温时段以免引起药害。

⑨ 所有病害、虫害均在叶背面侵染、寄生，因此喷药务必喷施叶背面，从上到下，从里到外，做到喷施仔细周到。注意配药、喷药安全，尽可能穿工作服、戴乳胶手套及口罩，站在上风头位置，喷药时不要吸烟、进食，用完药品及包装物集中处理，不要随意丢弃在果园中，隔夜农药不能使用。

2. 主要病害

（1）黑星病　黑星病又称疮痂病。

症状：危害梨树叶片、果实、新梢、芽等所有绿色幼嫩组织。叶片受害，先在叶背面沿主脉和支脉发生圆形不规则病斑，不久长出黑色霉层，严重时叶片遍布黑霉，引起早期落叶。果实受害从幼果开始，从果柄基部或果面形成较大的黑色霉斑，引起凹陷龟裂，发病幼果全部早落，果实膨大期受害多数形成圆形或近圆形黑色斑，气候干燥时果面呈青疗，不产生霉斑，潮湿时果面布满霉状物造成畸形脱落。新梢发病表现为从下到上逐渐产生黑色霉层，重者叶片变红、变黄、干枯。

春季雨水多时发病早而严重，春季干旱少雨时发病晚而轻。采前 1～2 个月雨水多发病严重，若干旱少雨果实不易发病。同样条件下密植园、低洼潮湿园发病较重，树势衰弱可加重发病。

防控方法：一般年份应从落花后（4 月中下旬）开始防控，10～15 天喷药一次，可选用 12.5%烯唑醇可湿性粉剂 3 000～4 000 倍液，10%苯醚甲环唑水分散粒剂 5 000～6 000 倍液，套袋后可选用 25%腈菌唑可湿性粉剂 4 000 倍液或 40%氟硅唑乳油 8 000 倍液，80%代森锰锌可湿性粉剂 800 倍液，43%戊唑醇悬浮剂 3 000 倍液。

（2）黑斑病

症状：主要危害叶片、果实和新梢。叶片发病时最先表现为叶肉上产生圆形黑色斑点，后扩大到近圆形或不规则形，中心灰白色边缘黑褐色，湿度大时病斑表面产生黑霉，引起早期落叶。幼果染病出现黑色小斑点，后扩大成圆形斑凹陷并产生黑霉，严重时病斑龟裂深达果心，裂缝中也有黑霉，引起落果。整个生长期均发病，降水次数多、降水量大、地势低、通风不良、偏施氮肥均有利于该病发生。南方地区以 5 月下旬至 7 月发病较重。

防控方法：花前、花后各喷一次农药，每隔 15 天再喷一次，可选用50％异菌脲可湿性粉剂1 000倍液，10％多抗霉素1 000倍液，68.75％噁酮·锰锌水分散粒剂800～1 000倍液，12.5％烯唑醇可湿性粉剂2 000～3 000倍液，70％或80％代森锰锌可湿性粉剂800倍液。

（3）轮纹病

症状：主要危害枝干和果实。枝干发病多以皮孔为中心，产生褐色病斑，略突起，以后逐渐扩大成近圆形或扁圆形疣状突起，病疣坚硬，病斑密集，表面极为粗糙，发病严重时枝条枯死。果实受害多在近成熟时发病，初期形成水渍状近圆形褐色小斑点，后逐渐扩大呈同心轮纹状红褐色病斑，果肉褐色软腐，表面密生黑色小粒点。叶片发病产生不规则褐色同心轮纹，后变灰白色。温暖多雨年份发病严重，管理粗放、肥水不足、树势衰弱易感病，每年春、秋有两次扩展高峰，南方地区3月上旬开始，5—7月最易发生。

防控方法：①春季萌芽前刮除病皮，后涂抹药剂如松焦油（腐必清）原液2～3倍液，5％菌毒清水剂30～50倍液，2％腐殖酸铜（843康复剂）水剂5～10倍液，或5～10波美度石硫合剂。②喷药保护，可喷70％甲基硫菌灵可湿性粉剂1 000倍液，68.75％噁酮·锰锌水分散粒剂800～1 000倍液，40％氟硅唑乳油8 000倍液，80％代森锰锌可湿性粉剂800倍液。

（4）梨锈病

症状：主要危害叶片、新梢和幼果。叶片受害先在叶面出现橙黄色小圆点，以后扩大为近圆形病斑，表面密生黄色针头大的小粒点，其中溢出淡黄色黏液，即性孢子，干燥后，小粒点变黑。病斑组织逐步肥厚，叶背面隆起，正面凹陷，在隆起处长出灰黄色毛状物即锈孢子器，严重时引起早期落叶。果实受害，初期病斑与叶片相似，病斑稍凹陷，其上密生先橙黄色后变黑色的小粒点，后期产生灰黄色毛状的锈孢子器。

病菌以菌丝体在桧柏类植物上越冬，春季3月形成红褐色冬孢子角，春雨时冬孢子吸水膨胀成为胶质块，冬孢子萌发产生大量担孢子，随风传播散落在梨树嫩叶、新梢、幼果上，在梨树上侵染产生锈孢子，随风又回到柏树嫩叶、新梢上，并在柏树上越冬。

防控方法：①在梨园5千米以内尽量不栽桧柏、龙柏等，已栽无法砍除的，3月上中旬在桧柏上喷施5波美度石硫合剂以消灭越冬病源；②开花前喷1∶2∶240波尔多液（硫酸铜∶石灰∶水），花谢后喷15%三唑酮粉剂1 000～1 500倍液，也可用40%氟硅唑乳油8 000倍液，12.5%烯唑醇可湿性粉剂2 000～3 000倍液，6%氯苯嘧啶醇可湿性粉剂1 000倍液。

(5) 腐烂病　腐烂病又名臭皮病。

症状：发病初期主枝上病部稍隆起，呈水渍状，树皮为红褐色，病斑多呈长椭圆形或不规则形，组织松软，常渗出红褐色汁液，有酒糟味，随病情发展病部干缩下陷，病皮和健皮分界处龟裂，表面产生黑色颗粒小突起（分生孢子器），潮湿时形成黄色卷丝状孢子角。早春和晚秋危害较重。

防控方法：刮除病斑涂5～10波美度石硫合剂或喷施45%晶体石硫合剂20倍液。1%硫酸铜或松焦油（腐必清）原液1～5倍液，2%腐殖酸铜（843康复剂）水剂5～10倍液。采用内吸性杀菌剂甲基硫菌灵或多菌灵与食用油按3∶7的比例调成糊状涂病斑，为防止复发一周后再涂一次，可有效控制病情。

(6) 褐斑病　褐斑病又名白星病，斑枯病。

症状：主要危害叶片，发病初期叶片发生圆形或近圆形褐色病斑，病斑中部呈灰白色，中央产生黑色小粒点，最后呈白星状，并且易穿孔导致落叶。一般4月中旬发病，5月中下旬至7月进入盛发期。

防控方法：雨季到来前，喷70%甲基硫菌灵可湿性粉剂1 000倍液，50%克菌丹可湿性粉剂500倍液，80%代森锰锌可湿性粉剂1 000倍液。

（7）根癌病

症状：危害梨树根颈和主侧根，形状大小不等，表面形成粗糙的褐色肿瘤，坚硬木质化，堵塞筛管，影响养分和水分的运输吸收，严重时叶片发黄早落植株枯死。

防控方法：①种植梨苗前必须筛选无根癌病的健康壮苗，严格剔除病苗；②种后发现病瘤，先用快刀切除病瘤，然后用硫酸铜 100 倍液、80％的 402 抗菌剂乳油 50 倍液或 5～10 波美度石硫合剂消毒切口，切下的病瘤应立即烧毁切勿留在梨园内；③病株周围土壤可用 80％的 402 抗菌剂乳油 2 000 倍液灌注消毒。

3. 主要虫害

（1）梨二叉蚜 梨二叉蚜又名梨蚜。

症状：以成虫和若虫刺吸叶片汁液，被害叶片纵卷成筒状，卷叶皱缩失去光泽，梨叶不能展开，蚜虫分泌物布满叶面黏手并且泌露会反光。虫体绿色，前翅中脉分二叉故名二叉蚜。

发生规律：一年发生 20 代，以卵在梨树一、二年生枝的芽腋、小枝裂缝中越冬。翌年花芽萌动时卵孵化，群集于芽绿色部分吸收汁液，展叶后转入嫩叶上危害。杭州地区 4 月上中旬为害情况最重，5 月产生有翅蚜迁移到狗尾草等处繁殖危害，秋季又回到梨树上繁殖危害，于 11 月在梨芽腋等处产卵越冬。

防控方法：①萌芽露叶时为喷药最佳时期，可喷施 10％吡虫啉可湿性粉剂 1 500～2 000 倍液、20％啶虫脒乳油 8 000 倍液等均有效；②利用和保护自然天敌，防蚜虫天敌很多，有瓢虫、草蛉、食蚜蝇、食茧蜂等，这些天敌可有效控制蚜虫，在天敌数量多危害不重时不要喷药。

（2）梨木虱 梨木虱又名梨虱。

症状：以若虫、成虫刺吸芽、叶、嫩梢汁液，以若虫危害为主，可分泌大量黏液，虫体在分泌的黏液内危害，使叶片、果实黏在一起，诱发煤污病，造成叶片、果面呈黑色，影响外观品质。

发生规律：一年发生 3～5 代，因地区气候差异，发生代数也有变化。以成虫在树皮缝隙、剪锯口、杂草、落叶及土隙中越冬，在花芽萌动时，开始出蛰活动，出蛰期长达一个月。冬型成虫将卵产在短果枝叶痕及芽腋间，呈线状排列，在梨落花达90%左右时出现；夏型成虫产卵于叶柄沟、主脉两侧和叶缘锯齿中间。浙江梨区 4 月上旬孵化，4 月中下旬盛发，第一代若虫潜伏在芽、花簇及嫩叶中危害，第二、三代主要在新梢、叶腋的分泌物中或蚜虫危害的卷叶内危害。从 5—9 月均有梨木虱发生，高温干旱年代发生较重，雨水多、气温低的年代发生轻。

防控方法：抓住第一代越冬成虫出蛰期用药防控，此时梨花露白叶片尚未形成成虫暴露在枝条上用药效果最好，可用 4.5%高效氯氰菊酯乳油 2 000 倍液，2.5%溴氰菊酯乳油 2 500 倍液；第二次关键时期为若虫孵化期，4 月中旬梨花 90%花谢时，可用10%吡虫啉可湿性粉剂 1 500 倍液，1.8%阿维菌素乳油 3 000 倍液，20%双甲脒乳油 1 000 倍液均有效果。

(3) 梨小食心虫 梨小食心虫又名梨小、桃折心虫、东方果蛀蛾。

症状：幼虫危害梨梢，是从梢端 2～3 片叶基部蛀入梢中的，被害梢先端凋萎下垂，后蛀孔外流出树胶，梢端干枯，此时幼虫已转移，梨果受害时蛀孔很小，幼虫蛀入果内直达果心，被害处有虫粪，虫果易腐烂脱落。

发生规律：一年发生 3～7 代，不同地区代数有差异。老熟幼虫在树皮缝隙、主干根颈附近土块及石缝等处结茧越冬，4 月中旬第一代成虫产卵于梨嫩叶并危害梨梢，6 月上旬第二代幼虫继续危害梨梢，7 月中下旬、8 月中下旬为第三代、第四代成虫发生期，主要危害梨果。

防控方法：加强第三、四代成虫以后的防控，重点防控时间为 7—8 月，可选用 10%虫螨腈悬浮剂 1 000 倍液，5%氟虫腈悬浮剂 1 500 倍液，2.5％溴氢菊酯 2 500 倍液，25％灭幼脲悬浮剂 1 000～1 500 倍液，4.5％高效氯氢菊酯乳油 2 000 倍液。

（4）梨瘿蚊 梨瘿蚊又称梨芽蛆。

症状：成虫产卵于花萼中，幼虫在花萼基部里面环向串食，被害处变黑，以后蛀入幼果果心中，被害幼果干枯、脱落。受害叶片沿主脉纵卷成双筒状，随幼虫生长，卷圈数增加，叶肉组织变厚、变硬、变脆直至变黑枯萎脱落，低龄幼虫乳白色，老熟幼虫橙红色。

发生规律：浙江发生 3～4 代。以老熟幼虫在树冠下深 0～6 厘米土壤内及附近树干翘皮中越冬。幼虫越冬盛发期为 3 月底至 4 月初，第一代 4 月底至 5 月初发生，第二代 5 月下旬发生，第三代 6 月下旬发生，第一代幼虫发生量大、危害重。近年来南方各地梨瘿蚊发生日益严重。

防控方法：首先要做好成虫羽化出土和幼虫入土时的地面防控，尤其是在越冬成虫羽化前一周（3 月中旬）或在第一代、第二代老熟幼虫脱叶高峰期，抓住降雨时幼虫集中离开叶片从主干向下爬行至主干基部附近土中的有利时期，在主干基部附近地面及主干上喷洒 50％辛硫磷乳油 200～300 倍液或 48％毒死蜱乳油 600 倍液，杀灭幼虫和成虫；在越冬代和第一代成虫产卵盛期，喷 48％毒死蜱乳油 1 000 倍液或 1.8％阿维菌素乳油 3 000 倍液。50％辛硫磷乳油 1 000 倍液，5％氟虫腈乳油 1 000 倍液。

（5）山楂红蜘蛛

症状：成虫和若虫均以口器刺吸嫩芽、叶片、果实的汁液。叶片受害后，叶正面常呈褪绿的灰白色小斑点。严重时早期落叶，整株枯死，嫩芽受害严重时焦枯死亡。

发生规律：一年发生 6～10 代，已受精雌成虫在树干裂缝翘皮或树干根颈部的土缝中越冬，梨芽膨大和现蕾期成虫出蛰活动，上枝爬到花芽上取食，进而危害叶片，全年 6 月下旬至 8 月危害最重，干旱年份危害更重。

防控方法：①越冬雌成虫出蛰期（梨芽膨大期）和内膛聚集阶段（5月中旬至6月中旬），因对硫制剂较敏感，可喷50％硫悬浮剂200～400倍液；②谢花后展叶期使用20％螨死净悬浮剂2 000倍液，20％哒螨灵乳油3 000倍液；③6月上中旬虫口密度激增可喷2.5％三唑锡可湿性粉剂1 500～2 000倍液，1.8％阿维菌素乳油3 000倍液。

(6) 梨茎蜂 梨茎蜂又名梨茎锯蜂、切芽虫、剪头虫、折梢虫。

症状：新梢长到6～7厘米时成虫产卵，将嫩梢4～5片叶处锯伤，再将伤口下3～4片叶片切去，仅留叶柄，新梢被锯后萎缩下垂，干枯脱落；幼虫在嫩茎内蛀食，蛀入二年生枝条中，被害梢干枯易折断，影响树势和整形。

发生规律：一年发生一代，多以老熟幼虫在枝内越冬，浙江3月底至4月初成虫由被害树枝飞出，4月上旬产卵，5月上旬孵化，6月下旬蛀入老枝。

防控方法：①结合冬季修剪，剪除被害枯枝，杀死越冬幼虫和蛹；②开花后的半个月，经常检查梨园，及时剪去带有虫卵的萎缩枝梢，集中深埋；③大量发生，危害严重的年份，成虫发生期（新梢长到5～6厘米）及时喷药防控，可喷5％氟虫腈悬浮剂1 500倍液，2.5％溴氢菊酯乳油2 500倍液或4.5％高效氯氰菊酯乳油2 000倍液。

(7) 梨网蝽 梨网蝽又名军配虫。

症状：以成虫和若虫群集于叶背刺吸叶片汁液，被害叶正面形成苍白斑点，叶背面布满黑褐色虫粪，严重时全树叶片苍白，造成早期落叶和二次开花，影响翌年产量。

发生规律：浙江一年发生5～6代。以成虫在落叶、树皮缝隙、土块下杂草丛处越冬，4月上中旬，梨树新叶展出，越冬成虫群集叶背取食和产卵，卵产于叶肉内，数十粒集产一处，卵期半个月，5月上旬第一代若虫出现，5月中旬盛发，6月以后世代重叠，虫口密度剧增，危害加重，10月中下旬成虫开始迁移越冬。

防控方法：重点防控越冬成虫和第一代若虫，在4月中旬至5月上旬越冬成虫活动期抓紧喷药，5月中旬及时检查叶片上虫情，叶背已有若虫群集表明第一代若虫已孵化成虫尚未产卵，此时防控效果最佳，可选用48%毒死蜱乳油1000倍液，1.8阿维菌素乳油3000倍液或5%氟虫腈乳油1000倍液，3%啶虫脒乳油2000倍液。

(8) 刺蛾 刺蛾俗称洋辣毛、刺毛虫。

症状：初孵化时，幼虫只食叶肉，残留叶脉，被害叶呈网状，虫龄稍大后，叶片被食成缺刻，严重时将全树叶食尽，只留叶柄和主脉，造成早期落叶和树势衰弱。

发生规律：一年发生2代，以老熟幼虫在树枝、树干、根颈部及附近浅土中结茧越冬，杭州地区四种刺蛾各代幼虫发生期见表5-5。

表5-5　杭州地区四种刺蛾各代幼虫发生期

	黄刺蛾	褐刺蛾	青刺蛾	扁刺蛾
第一代	6月下旬	6月下旬至7月初	6月	5月下旬
第二代	8月下旬至9月初	8月下旬	8月	7月下旬

成虫有趋光性，白天静伏，夜间活动，幼虫有群居习性，四龄以后，分散危害，并迁移到邻近的树上危害。

防控方法：幼虫发生期，用90%敌百虫原药800倍液，2.5%溴氢菊酯乳油2500倍液或4.5%高效氯氰菊酯乳油2000倍液，效果均较好。利用成虫趋光性，点灯诱杀，效果更佳。

(9) 梨圆介壳虫 梨圆介壳虫简称梨圆蚧，又名轮心蚧，梨笠圆盾蚧。

症状：枝干、叶片、果实均能寄生，但以枝干上居多，以雌成虫刺吸汁液，枝梢被害处呈红色圆斑，皮层木质化，常引起皮层爆裂，造成早期落叶，果实多集中在萼洼和梗洼处，受害部围绕梨圆介壳虫形成紫红色圆圈，引起果小、青硬甚至龟裂的现象。

发生规律：南方一年 4～5 代，浙江 3～4 代，均以二龄若虫附着在枝条上越冬，3 月中下旬若虫开始危害和发育，4 月下旬变成虫，初龄若虫从母体爬出，迅速向树干、叶片、果实爬行、固定、吸取树液，浙江第一、二、三代若虫发生期分别在 4 月下旬至 5 月上中旬、6 月下旬至 7 月下旬、8 月中下旬至 10 月上旬。

防控方法：①春季萌芽前喷 5 波美度石硫合剂或 95％矿物油乳油（蚧螨灵）200 倍液。②抓住一代若虫盛发期可喷 25％噻嗪酮可湿性粉剂 1 000 倍液，48％毒死蜱乳油 1 000 倍液。

(10) 缩叶壁虱 缩叶壁虱又名梨缩叶病。

症状：以成螨和若螨危害梨叶片、花等。被害叶首先在叶边缘出现肥厚状，叶背肿胀皱缩呈海绵状，叶片皱缩沿边缘向正面卷缩，凹凸不平，严重时扭曲成双卷筒状，受害叶红肿皱缩。

发生规律：一年发生多代，以成虫在枝条的翘皮下、芽鳞片下越冬，每年春季梨树萌芽和花开始绽放时，成虫迅速出蛰危害嫩芽，随叶片展开集中在叶正面危害，以 5 月下旬危害最重。

防控方法：梨膨大时喷 50％硫悬浮剂 50～100 倍液，梨展叶时喷 48％毒死蜱乳油 1 000 倍液，1.8％阿维菌素乳油 3 000 倍液或 20％哒螨灵乳油 2 000 倍液。

（四）采收、分级、包装、储藏

1. **采收** 适时采收是提高果品质量的重要环节。采收早晚直接影响果实的产量、品质及储藏性。采收时间应根据气候条件、立地环境、品种特性、市场需求来决定。开始采收标准如下：黄皮梨（清香、黄花）果皮由暗褐色变为浅褐色，绿皮梨由暗绿色转浅绿或浅黄绿色，果面光滑有光泽；果肉由粗、硬变为细、脆，由酸转为甜，可溶性固形物含量至少达到早熟种9％，中熟种11％，晚熟种12％的标准；种子由白转为浅褐色。

采收注意事项：①采收过程中，必须避免机械损伤，要做到四轻即轻采、轻放、轻装、轻卸，防止四伤即指甲伤、果柄拉伤、碰伤、刺伤，以保证果实品质和储藏质量，减少烂耗；②同一树上的果实，花期或生长部位不同成熟期不一致，一般上层、外围果由于光照、营养条件好成熟较早，而内膛、下部果光照及营养条件差成熟晚，故采收应先采上部、外围果，后采内膛、下部果，还要分期分批采收；③采下的果避免日光曝晒，及时置于阴凉处，选晴天采收，露水未干的清晨和雨天都不宜采收，不要在中午高温时采收；④采后并不是管理工作结束，必须及时施采后肥，加强病虫害防控，防病最好喷波尔多液200倍液（硫酸铜∶石灰∶水＝1∶2∶200），若配制麻烦，可喷80％波尔多液晶体400～500倍液，同时还需加强对梨网蝽、红蜘蛛、刺蛾等害虫的防控，不仅可有效保护叶片，还可为翌年丰产打下良好的基础。

2. **分级**　采后果实必须立即分级，使之达到商品化标准，果实分级主要是从果实大小、色泽、形状等方面将果实分成若干等级，具体操作应按国家行业分级标准执行，现将目前浙江省生产上采用的分级标准说明如下。

(1) 外观　特级果300克以上，一级果250克以上。果形端正，整齐一致，具有品种固有的颜色，果面光洁，没有碰压伤、磨伤，果锈无或少，没有药害、病害、虫害、日灼、雹伤，果点小且不明显。

(2) 质地　肉质松脆、细嫩，石细胞小而少，汁液多。

(3) 风味　甜度较高，可溶性固形物含量早熟种 9％以上、中熟种 11％以上、晚熟种 12％以上。

小型梨园多人工分级，大型梨园按果实大小机械分级，速度快且节省劳力。

3. 包装　优质包装是提高果实商品性、市场竞争力的重要手段。根据国家对鲜梨的包装要求，可用纸箱、塑料箱、钙塑箱，内有光面纸、泡沫网、抗压托盘等辅助品，运往市场销售的纸箱规格有 5 千克、10 千克、15 千克、20 千克。作为精品销售的纸箱，大多以果实数量设计，并有彩色花纹的包装箱，规格以 6 个、8 个、10 个、12 个居多，也有 16 个、20 个。若需出口则对纸箱要求更高，既要考虑纸箱外表美观大方，又要考虑纸箱内层牢固，既能经受低温冷藏考验又能经受长途运输，纸箱重叠较高也不会发生斜塌。

4. 储藏　储藏保鲜可延长果品供应期，缓解市场压力，是实现果品均衡供应的重要手段。梨果储藏最重要的是环境条件，品种不同要求不一，储藏性能差异也较大。

(1) 温度　①软肉类如巴梨、京白梨等西洋梨系统和秋子梨系统，经预冷后进入 0～3 ℃储藏。②脆肉类如鸭梨和翠冠等白梨系统和砂梨系统，采后 10 ℃下预冷，再进入 5 ℃，逐步稳定在 0～3 ℃。

温度过低会造成冷害，在 −3～−1 ℃都会发生冷害，高于 5 ℃储藏时间缩短。

(2) 湿度　空气相对湿度要求保持在 90％～95％，冷库应保持 85％～95％，失水过多则果皮皱缩，储藏效果差。

(3) 气体成分　适当提高二氧化碳浓度，降低氧气浓度，可抑制梨果呼吸作用，保持果实硬度、色泽，提高储藏质量，一般适宜浓度为 3％～4％。

不同品种适宜的储藏温度和气体成分指标也不同，表 5-6 供参考。

表5-6 储藏温度、气体成分指标

品种	温度（℃）	氧气（%）	二氧化碳（%）	预储时间（月）
鸭梨	1～2	10～15	0.5～1.0	8
二十世纪	0～1	5.0	4	4～6
菊水	0～1	5～10	3～4	4～6
翠冠	0～3	5～10	3～4	3～4
黄花	0～2	5～10	3～4	4～6
茌梨	0～1	12～15	1～4	4～5
京白梨	0	5～10	3～5	4～5
锦香	0	3～5	0～5	4～5
秋白梨	−0.5～0	5～10	3～4	4～6
雪花梨	0～1	8～10	3～4	4～5
南果梨	0	5～8	3～5	5～6
巴梨	−0.5～0	1～2	4～5	4

（4）储藏方法 储藏保鲜方法多种多样，大致分为以下几种。

①冷库储藏。目前运用较普遍的一种形式，也称机械冷藏，用良好的隔热材料和坚固的建筑材料建成库房，并在保温性能良好的库房中安装机械制冷设备，储藏温度、湿度和通风换气由机械制冷设备控制，可根据不同品种要求人为进行调节控制。储藏时间长，不受季节控制，储藏效果好，目前许多产地使用此方法。

②土窑洞储藏。起源于我国西北黄土高原地区，通过近30年研究和总结，人们在旧式居住窑洞的基础上发明创造了大平窑、主副窑、子母窑、地下式砖窑和双窑，并且利用窑洞原理改造防空地道等发展了一系列窑洞型储藏。虽然形式不一，但设计上都是加强通风，充分利用高原自然低温和深厚的黄土层积蓄的

足够冷源保持窖温稳定，以延长果实储藏寿命。

③ 通风库储藏。半地下室和地下室通风库储藏是华北北部和东北等水果主产区的主要储藏方式。近 20 年来，中国农业科学院果树研究所对通风库进行了改造，发明了一系列强制通风库库型，对梨储藏保鲜发挥了极大作用。

④ 气调库储藏。在冷藏基础上根据水果品种特性，在一个相对密闭的环境中调整氧气和二氧化碳浓度配比，使之稳定在一定浓度范围之内的一种储藏方法。气调库兼有冷藏和调气功能，保鲜效果比冷藏库更好且保鲜期比冷藏库更长，目前发达国家主要用此方法，我国鸭梨、库尔勒香梨、黄果长把梨等多用这种方法。

第六章

梨设施栽培关键技术

一、梨设施栽培的意义

日本梨设施栽培始于 1970 年，实用性的梨保护地栽培始于 1975 年，主要有加温温室和不加温温室两种类型。所采用的品种主要有幸水，占设施总面积的 70%左右；还有新水、丰水、二十世纪、长寿等。我国梨的保护地栽培起步很晚，2000 年相继开展梨保护地栽培，主要是不加温的大棚栽培，所采用的主要栽培品种为翠冠、翠玉、早生新水等，并取得了成功，从而进一步促进了梨设施栽培的发展。

梨设施栽培的优点主要有如下几点：①可使果实成熟期提前 10～15 天，延长果品供应期；②可以调节梨生长发育的生态环境，最大限度地发挥梨树的发展潜力；③操作方便，棚架较矮，修剪、疏果、套袋等栽培管理方便，有利于梨园省力化管理；④减少自然灾害、病虫害及鸟害的威胁；⑤提高果实品质、增加经济效益，设施栽培的梨成熟早价格高。

梨设施栽培有许多优点，但也有缺点：①建造设施需要大量投资，而且每年需更换塑料薄膜，增加了生产成本；②土壤易板结，土壤团粒结构易被破坏。

梨的设施栽培虽然起步较晚，但在南方梨产区有良好的发展势头。通过对设施栽培专用品种的筛选以及对设施条件下梨生长发育的规律、品质形成机理、病虫害发生规律及防控措施和适用的设施结构等的研究，得知梨保护地栽培产业发展前景是十分广阔的。

二、关键技术措施

(一) 选择适宜栽培的品种

品种选择正确与否对经济效益高低有着决定性的作用。设施栽培是高投入高产出的一种新型模式，品种选择尤为重要。梨品种类型很多，各有特色，有的品种在露地栽培的条件下商品性欠佳，但通过降水的隔断或成熟期提前，品种特性可得到充分发挥。适宜设施栽培的品种不仅在露地栽培条件下有良好性能，通过设施栽培后更能突出该品种的特点。现有梨设施栽培有两种情况，一是在原有的梨园基础上建设棚室，进行保护地栽培；二是在明确设施栽培目的的地方新建梨园。前者品种选择的空间较小，后者可充分利用已有的研究成果与生产经验选择品种。

日本是最早开展梨保护地栽培的国家，露地栽培的主栽品种是幸水、丰水、金二十世纪，由于没有太多的品种可供选择，所以日本的设施栽培选用的品种也是露地栽培品种。幸水成熟早、促成效果好，故成为日本设施栽培研究及生产主要选用的品种。

王涛等 (2008) 对国内外的翠冠、清香、珍珠梨、早生新水等 15 个品种进行了大棚栽培试验，认为翠冠通过大棚栽培后成熟期可比露地提早近 1 个月，除保留原有的内在质量优点外，外观性状也得到明显改善，仍可作为主栽品种；爱甘水在露地栽培中表现为果形小、皮色较深，但在大棚中爱甘水的成熟期比翠冠早 9 天左右，外观漂亮、品质较好，可作为早熟品种适当种植。杭州滨江果业有限公司试验结果显示，通过连栋大棚栽培的圆黄，成熟期可比露地提高 10 天左右，外观也有改善，但采收期与露地翠冠相遇，市场销售没有优势。浙江省农业科学院试验表明，翠玉在大棚内表现成熟早、外观美、适合无袋栽培，是南方促成栽培的适宜品种。

综合上述分析，适合设施栽培的品种应该具备早熟、品质优、外观美等特点，这样才能获得更高的经济效益。目前在大棚中应用的品种比较多，促成栽培梨专用品种并非产生的效益与常规品种相差较大，栽培者应根据各自的栽培目标选择适宜的品种。

（二）种植技术

1. **种植密度**　因设施栽培的梨园投入大，需要尽快产生收益。为了提高梨园早期土地利用率，实现早投产、早收益，新种园宜采用计划性密植模式。根据不同的树形，采用相应的栽种密度。如采用Y形整形的，株行距选用3米×1米、3米×1.5米或3米×2米，每亩栽111～222株，4年以后进行间伐，逐步改为3米×4米或3米×4.5米；若采用开心形整形，株行距可采用3米×3米或3米×4米，相当于每亩栽55～74株。在棚室比较宽大的情况下，可将行距扩大至4米，有利于田间管理。密度比较高的情况下两行的树不要对齐种植，可采用梅花形种植方式，有利于操作管理。浙江农林大学园艺系试验研究结果表明，黄花每亩栽111株的开心形栽培第二年开始结果至第三年1株梨树结果最多达186只，株产45千克以上，比稀植梨园提前3～4年进入丰产期。

计划密植的情况下，在种植时就要明确永久株与间伐株，以确保梨树成龄后进行分批间伐或疏移，以改善棚室内光照条件达到稳产目的。若采用平棚架栽培，密度可进一步降低，应保持在4米×4米以上。

在原有的梨园基础上搭设大棚或连栋大棚（温室）的情况下设施利用效率高，搭设当年即可进行促成栽培生产。此时的种植密度也能适当调整，可通过修剪措施逐步调整。

2. **授粉树** 关于配置授粉树的问题，需要重新考虑。梨多数品种自花不育，种梨时必须配置授粉树。但由于大棚内梨树的花期较露地提早近 1 个月左右，而此时露地气温较低，活动的蜜蜂等昆虫数量较少，从而影响大棚内梨树的授粉受精。无加温类型的保护地栽培可种植同一品种，通过人工授粉来解决授粉问题，因为即使配置了比例较高授粉树，也会因棚室内湿度过高影响花散粉，坐果率也很低。若是加温栽培的，可在控制棚室内温度和湿度的情况下，通过配置比露地稍高比例的授粉品种来解决授粉问题。

（三）整形修剪

设施内梨树的整形修剪目的与露地栽培相同，即在增加有效叶面积的前提下改善叶片受光条件提高叶片的光合效率并最大限度地转化为经济产量。在基本完成树冠扩大目标的基础上迅速从营养生长转化成生殖生长是梨幼年树整形修剪的主要目的。棚室内的特点是温度和湿度高，光照弱，所有的整形修剪措施应该围绕这一特点展开。

日本棚架栽培模式：①主要是通过预备枝培养侧枝，培养中庸树势，明确区分主枝、副主枝、侧枝、结果枝等各种枝的形态，相互间保持足够的间距。②需保持足够的株间距，树形为 2 主枝整形方式为佳；副主枝间距为 1.8～2 米，利用预备枝培养长果枝，培养预备枝采用基部直径 1 厘米以下的中庸枝条，顶端轻剪，拉成 45°，这样容易形成良好的腋花芽；在侧枝配置时，枝间距要比露地稍微宽，达到 40 厘米为宜，有利于通风透光。

浙江温岭的整形修剪则是在较高的种植密度下进行的，大棚内株行距 3.5 米×2 米或 3.5 米×1.5 米，采用自然开心形。幼树主要以拉、撑、吊等方法为主使树冠尽快扩大。定植当年在主干 30～40 厘米处短截当年可萌发新梢，选择位置适合、生长健壮的三个新梢作为骨架枝。修剪要点是多留长放，促控结合，以促为主；抑强促弱，缩放结合，以放为主；通过疏、截、缩、放等修剪方法平衡枝组间的生长势。同时为了增强抗风能力，结果枝组应紧靠主枝，主要结果部位均在主要枝干附近。形成了抵御和减轻台风栽培的一种模式。

夏季护理是促成栽培的重要措施之一。由于棚室内光照弱、湿度高，枝梢易徒长，在花期及疏果期疏花疏果的同时进行抹芽，在枝梢停梢前进行摘心，防止枝梢过长引起弯曲使枝梢生长充实健壮。

（四）花果管理

1. **疏花蕾**　可以减少养分的消耗，促进开花整齐，对新梢生长与展叶具有良好的效果，还可以提高人工授粉的效果。自花蕾分离至开花前均可疏花蕾，但以花蕾露出时为宜。具体方法是用手指轻轻敲击刚分离的花序花梗即可折断，而且折断的花蕾均为 2～4 位花以外的部分，效果非常好。疏花蕾可参考 20 厘米左右留一个果的标准，多余的花序尽量疏除。在花序位置方面，多留斜生的花序，不留枝背部与背下花序；长枝或中长枝顶芽不留花全部疏除。

2. **人工授粉**　设施栽培中由于棚膜的隔断，外界温度还很低，蜜蜂等昆虫数量少且不活跃，从而影响梨树的授粉受精。所以，必须进行人工辅助授粉以提高坐果率达到丰产稳产的目的。授粉可使用购买自市场的储存花粉，购置的花粉必须检查花粉发芽率后才可使用。棚室内花期较长，一般都在一周以上，人工授粉可以分几次进行。

授粉应选择在大棚通风后，花上无小水珠时进行，这样可以防止授粉器受潮，提高人工授粉效果。若采用液体授粉技术，9时以后即可进行。此外，花期放蜂是人工辅助授粉的一个常用方式，有利于授粉受精，可明显提高坐果率。一般每亩梨园放置强旺蜂群1～2箱，直至花期结束。

3. **落花期管理** 这一时期的管理是设施栽培独有的，因露地栽培中通风条件好花瓣能自然落下不需要进行落花期管理。南方塑料大棚栽培条件下，花期一般比露地栽培要长5天以上，棚内空气湿度大、风力弱，且花瓣不易脱落，此外脱落花瓣也容易黏附在子房和幼叶上，极易造成幼果畸形和叶片腐烂，花丝、花瓣等不落还会引发果锈。谢花后的操作是及时摇动树枝，将幼果上的花瓣及落在树叶上的花瓣摇落，以减少灰霉病的发生和防止叶片局部坏死。幼果上不易脱落的花瓣人工摘除，保持果面清洁。因棚内湿度高，新梢易徒长，应及时进行抹芽与摘心，保证枝叶得到充足的光照。

4. **疏果操作** 疏果的操作与露地栽培相同，参见第五章三疏技术。

5. **果实采收** 适时采收是保护地栽培的重要管理措施，适当提早采收有利于更好地发挥设施的作用。在无袋栽培的情况下，可根据果实底色的变化分批采摘。其他的具体操作与露地栽培相同。

（五）土壤管理

设施栽培的梨树土壤管理和施肥与露地栽培基本相同。梨整个生产期需要消耗大量的养分和水分，覆盖薄膜后隔绝了雨水土壤逐渐变得干燥，在梨花芽萌动期到花序分离期应注意保持土壤水分。花前肥可以通过滴灌的方式施用，每亩施入30～40千克复合肥；花期根外追肥能起到补充养分和提高坐果率的作用；生长期前期结合喷施农药加入0.3%尿素；果实开始膨大时结合喷施农药加入磷酸二氢钾可以提高果实糖度。晴天棚内易高温高湿，喷药、追肥均应避开中午高温期。基肥的施入时期和数量与露地栽培相同。

（六）小气候管理

1. **温度** 覆盖后进行近 1 个月保温促进开花。棚室内气温不能超过 30 ℃，温度过高在枝叶展开之前主干背上部易产生日灼现象，新梢长出后易发育成柔软的徒长枝，为了使枝梢生长充实，必须防止高温障碍注意通风换气。在温室内挂垂帘具有升温效果。发芽前可以不加温，棚室内最低温度到开花前维持在 3 ℃以上，开花期维持在 5 ℃以上，受精结束前维持在 7 ℃以上，其后温度维持在 5 ℃以上。梨的不同器官耐寒能力差异也很显著，特别是花期对棚室内的温度要求更严，花期最适温度为 18～26 ℃，开花期以 20～25 ℃最适宜，夜间温度应在 1 ℃以上，0 ℃以下花会受冻。花粉发芽需要的温度为 10～16 ℃，果实发育期温度应在 20 ℃以上但不能超过 35 ℃，夜间温度要在 7 ℃以上。无加温设施的保护地栽培无法进行有效的温度调节，最重要的管理是防止晴天气温过高及时开天窗及揭边膜调节和在寒潮来临时防止花器及幼果受冻及时关棚。不同设施及不同地区要灵活掌握防冻措施。

2. **湿度管理** 调控好大棚内的湿度是种植大棚梨的重要环节之一。虽然梨对空气相对湿度的适应范围很广，但不同生长阶段对空气相对湿度的要求有所不同。萌芽期，棚内高湿有利于保温也有利于萌芽，湿度应在 70%～80%，超过 85% 时就要揭膜换气；发芽后到开花前，相对湿度维持在 75% 左右，如湿度过高会引起新梢徒长，通过通风换气、适当灌水来控制湿度；初花期，湿度要求在 80% 左右；盛花期，湿度要求在 60%～70%；果实膨大期，因坐果后枝叶都处于旺盛生长期，需水量显著增多，这阶段湿度应保持 75% 左右；果实成熟期，相对湿度在 60%～65%。高温高湿会造成裂果、烂果，果柄还会长得细长。相对的适宜湿度是对具有自动调节温度和湿度的设施而言的，实际操作中在无加温设施情况下，主要通过揭膜换气来降低棚室内的湿度防止湿度过高。特别是在花期，要提早进行揭膜通风降湿，条件许可的情况下，可让大棚适当通风过夜，或者地表加铺地膜或干稻草，防止过高空气湿度将已开放花朵的花药浸湿成块，导致无法散粉。

日本梨设施栽培的灌水经验是在覆盖之后到发芽期、幼果期，为尽可能保证发育整齐一致每隔7～8天灌水20毫米左右，开花期要稍微干燥些但极端干燥会引起花粉发芽力及柱头授粉能力下降，应进行适当洒水。

（七）覆膜管理

1. **薄膜覆盖时间**　通过实践经验总结，南方梨完成自然休眠的时间应在1月前后，此后进行覆盖薄膜促成栽培，萌芽比较整齐畸形果少。若遇到雪害有倒春寒现象，在实际操作中应推迟覆盖薄膜，在浙江地区1月中下旬至2月中旬覆盖薄膜，不同年份间虽有差异，但促成效果相近。在日本九州露地栽培幸水的果实8月上旬成熟。为了将成熟期提早1个月，必须要在3月下旬开花，为此从盛花期倒推计算薄膜覆盖应在2月中旬进行。覆膜的时间也会因品种成熟期、生产目标不同而存在差异，早熟品种早覆，晚熟品种晚覆。覆膜宜选择无风的天气进行，否则薄膜会随风飘动且薄膜易被刺破操作困难。"一棚三膜"的方法即棚架顶部盖1张顶膜，棚的两侧边各盖1张边膜，这种方法便于进行通风、降温、降湿操作。

2. **揭膜时间**　揭膜时间较薄膜覆盖时间容易把握，进入5月后，参考往年气象预报，一般在当露地栽培最低温度达到12～13℃时，先除去通风部分的薄膜，然后再除去边上薄膜，果实采收后即可揭膜。此外为了达到促成栽培的目的，在果实生长后期与露地一样管理的也可在5月中下旬揭膜，这样有利于保持良好的土壤特性。连栋大棚或温室除膜困难，在生长期的晴天，要最大限度打开通风窗，揭边膜。薄膜最多使用两年，果实采收后全部除去。

（八）病虫害防控

大棚或温室内梨树不会直接淋到雨水，通过雨水传播的病害得到有效控制，病害种类减少，发病的程度也显著降低，大大减少了喷药次数。棚室内温度较高且较干燥，虽然病害发生较轻，但螨类、蚜虫等虫害发生较重，特别是螨类会在短期内大面积发生，要认真查看虫情，注重初期防控。棚室内各种病虫害的具体防控方法与露地相同，可参考第五章，顶膜除去后的病虫管理与露地相同。

三、存在的问题及改进意见

（一）存在的问题

近年来梨设施栽培虽有较大发展和提升，但仍处于初级阶段，存在不少问题。主要表现如下。

1. **上市时间短而集中，品种类型少**　目前设施大棚适用的品种均为露地栽培的早熟种，成熟期提前 20 天左右，缺乏成熟期更早的品种，上市时间短而集中，限制了覆膜、加温期的提早。设施内湿度大、光照弱、温度高低不易控制，这些条件对果实品质和产量均有影响，培育耐高温高湿、耐弱光的早熟大果型、糖度高的品种对进一步发展梨设施栽培具有重大作用。

2. **设施栽培配套技术不完善**　梨设施栽培刚刚起步，迟于葡萄、桃等树种。栽培密度、整形修剪、土壤管理等尚未形成系统完整的技术和体系。

3. **设施内病虫害发生规律不明确，绿色防控技术不到位**

（二）改进意见

1. **加强适合设施栽培的品种选育与设施材料的研发**　尽快选育出适合设施栽培的早熟品种，尽快研发出适合设施栽培的棚架材料、温度和湿度调控设备以及质地轻巧的保温材料。

2. **完善设施栽培配套技术** 重点完善设施内梨栽培密度、整形修剪模式、土壤管理技术，以形成系统完整的技术和体系。

3. **梨设施栽培专用的绿色防控技术集成** 围绕设施内病虫害发生规律的变化，集成梨设施栽培专用的绿色防控技术。

参 考 文 献

曹翔翔，张庆福，汤天寿，等，2002. 果树合理用药指南 [M]. 合肥：安徽科学技术出版社.

曹玉芬，聂继云，2003. 梨无公害生产技术 [M]. 北京：中国农业出版社.

胡征令，王信法，2000. 梨树优质丰产栽培技术 [M]. 上海：上海科学普及出版社.

李秀根，2005. 梨生产关键技术百问百答 [M]. 北京：中国农业出版社.

王金友，朴春树，周玉书，等，1999. 果园农药应用技术 [M]. 北京：化学工业出版社.

王涛，陈伟立，黄雪燕，等，2008. 适宜浙江温岭塑料大棚栽培的梨品种筛选 [J]. 中国南方果树，37 (3)：78 - 80.

夏声广，2007. 梨树病虫害防治原色生态图谱 [M]. 北京：中国农业出版社.

徐宏汉，周绂，2001. 南方梨优良品种与优质高效栽培技术 [M]. 北京：中国农业出版社.

张健，2007. 梨标准化生产技术 [M]. 北京：金盾出版社.

张鹏，陶万强，2000. 梨树栽培二百题 [M]. 北京：中国农业出版社.

张绍铃，2010. 图解梨优质安全生产技术要领 [M]. 北京：中国农业出版社.

张绍铃，2013. 梨学 [M]. 北京：中国农业出版社.

张友金，吴清君，2007. 农药无公害使用指南 [M]. 北京：中国农业出版社.

附录 1　梨农事历

月份	物候期	生产管理要点
1 月	休眠期	确定生产目标，安排生产计划，准备生产记录本；计划密植园的间伐，排灌设施建设与维护；清园工作，刮树皮，整形修剪，苗木嫁接准备
2 月	休眠期	继续整形修剪；喷药设施与机械的保养检查；苗木嫁接
3 月	萌芽开花期	预防晚霜的危害，进行春季嫁接；中耕除草；疏花蕾、抹芽；人工授粉
4 月	谢花坐果期	预防晚霜的危害；人工授粉，抹芽，疏果；摘心控梢；防控黑星病、梨茎蜂、梨瘿蚊等；套袋准备
5 月	幼果期	疏果，抹芽；梨炭疽病、梨小食心虫病虫害防控；果实套袋；施果实膨大肥
6 月	果实膨大期	抹芽，新梢管理，果实套袋；防控梨炭疽病、梨小食心虫等病虫害；土壤及生草管理；施壮果肥
7—8 月	成熟采收期	新梢管理；病虫害、鸟害防控；土壤及生草管理；防台风抗旱，冷库检修与消毒；梨果实采收
9 月	采后落叶期	病虫害防控；土壤及生草管理；早、中熟梨施采后肥
10 月	采后落叶期	采后病虫害防控；土壤及生草管理，秋肥准备
11 月	采后落叶期	落叶期的树体诊断；土壤管理与施肥；秋施基肥，苗木种植准备；准备冬季修剪
12 月	休眠期	计划密植园的间伐准备；整形修剪；苗木出圃、种植；清园工作

附录 2　国家禁止使用与限制使用的农药

　　根据《中华人民共和国食品安全法》规定，食用农产品生产者应当按照食品安全标准和国家有关规定使用农药、肥料、兽药、饲料和饲料添加剂等农业投入品。严格执行农业投入品使用安全间隔期或者休药期的规定，不得使用国家明令禁止的农业投入品。禁止将剧毒、高毒农药用于蔬菜、瓜果、茶叶和中草药材等国家规定的农作物。2017 年 7 月 1 日开始实施的《农药管理条例》规定，任何农药产品使用都不得超出农药登记批准的使用范围。根据农业农村部的通告内容，整理 2018 年国家禁用和限用的农药名录如下。

一、禁止生产销售和使用的农药名单（42 种）

　　六六六、滴滴涕、毒杀芬、二溴氯丙烷、杀虫脒、二溴乙烷、除草醚、艾氏剂、狄氏剂、汞制剂、砷类、铅类、敌枯双、氟乙酰胺、甘氟、毒鼠强、氟乙酸钠、毒鼠硅、甲胺磷、甲基对硫磷、对硫磷、久效磷、磷胺、苯线磷、地虫硫磷、甲基硫环磷、磷化钙、磷化镁、磷化锌、硫线磷、蝇毒磷、治螟磷、特丁硫磷、氯磺隆、福美胂、福美甲胂、胺苯磺隆、甲磺隆（38 种）

百草枯水剂	自 2016 年 7 月 1 日起停止在国内销售和使用
胺苯磺隆复配制剂 甲磺隆复配制剂	自 2017 年 7 月 1 日起停止在国内销售和使用
三氯杀螨醇	自 2018 年 10 月 1 日起全面禁止三氯杀螨醇在国内销售和使用

二、限制使用的农药名单（25种）

中文通用名	禁止使用范围
甲拌磷、甲基异柳磷、克百威、涕灭威、灭线磷、内吸磷、硫环磷、氯唑磷	水果、蔬菜、茶树、中草药材
水胺硫磷	柑橘树
杀扑磷	
灭多威	柑橘树、苹果树、茶树、十字花科蔬菜
硫丹	苹果树、茶树，自2019年3月26日起，禁止含硫丹产品在农业上使用
溴甲烷	草莓、黄瓜
氧乐果	柑橘树、甘蓝
三氯杀螨醇、氰戊菊酯	茶树
丁酰肼（比久）	花生
氟虫腈	除卫生用、玉米等部分旱田种子包衣剂外
溴甲烷、氯化苦	仅限于土壤熏蒸，并应在专业技术人员指导下使用
毒死蜱、三唑磷	禁止在蔬菜上使用
氟苯虫酰胺	自2018年10月1日起，禁止在水稻作物上使用
克百威、甲拌磷、甲基异柳磷	自2018年10月1日起禁止在甘蔗上使用

（续）

中文通用名	禁止使用范围
磷化铝	应当采用内外双层包装。外包装应具有良好密闭性，防水防潮防气体外泄。自 2018 年 10 月 1 日起，禁止销售、使用其他包装的磷化铝产品
乙酰甲胺磷、克百威、氧乐果	自 2019 年 8 月 1 日起，禁止在蔬菜、瓜果、茶叶、菌类和中草药材作物上使用

注：农药管理条例（2017 年修订）。

图书在版编目（CIP）数据

梨优质高效栽培技术 / 浙江省农业科学院老科技工作者协会组编；施泽彬，胡征龄编著 . —北京：中国农业出版社，2019.5
（绿色生态农业新技术丛书）
ISBN 978-7-109-25449-7

Ⅰ.①梨… Ⅱ.①浙… ②施… ③胡… Ⅲ.①梨-果树园艺 Ⅳ.①S661.2

中国版本图书馆 CIP 数据核字（2019）第 079080 号

中国农业出版社出版
（北京市朝阳区麦子店街 18 号楼）
（邮政编码 100125）
责任编辑　黄　宇
文字编辑　冯英华
————————
中农印务有限公司印刷　　新华书店北京发行所发行
2019 年 5 月第 1 版　　2019 年 5 月北京第 1 次印刷
————————
开本：850mm×1168mm　1/32　印张：3.25
字数：85 千字
定价：18.00 元
（凡本版图书出现印刷、装订错误，请向出版社发行部调换）